人生无真相

南怀瑾 讲述

北京联合出版公司

南怀瑾先生，1955年于台湾省基隆市。
詹阿仁摄影

南怀瑾先生简介

南怀瑾先生,戊午年(1918年)出生,浙江省乐清县(今乐清市)人。幼承庭训,少习诸子百家。浙江国术馆国术训练员专修班第二期毕业,中央陆军军官学校政治研究班第十期修业,金陵大学社会福利行政特别研究部研习。

抗日战争中,投笔从戎,跃马西南,筹边屯垦,曾任大小凉山垦殖公司总经理兼自卫团总指挥。返回成都后,执教于中央陆军军官学校军官教育队。其间,遇禅门大德袁焕仙先生而发明心地,于峨眉山发愿接续中华文化断层,并于大坪寺阅《大藏经》。讲学于云南大学、四川大学等院校。

赴台湾后,任中国文化学院(今中国文化大学)、辅仁大学、政治大学等院校和研究所兼职教授。二十世纪八十年代曾旅美、居港。在台、港及旅美时期,创办东西(文化)精华协会、老古出版社(后改组为老古文化事业股份有限公司)、《人文世界》杂志、《知见》杂志、美国弗吉尼亚州东西文化学院、ICI香港国际文教基金会,主持十方丛林书院。

在香港期间，曾协调海峡两岸，推动祖国统一大业。关心家乡建设，1990年泰顺、文成水灾，捐资救患；在温州成立南氏医药科技基金会、农业科技基金会等。又将乐清故居重建，移交地方政府作为老幼文康中心。与浙江省合建金温铁路，造福东南。

继而于内地创办东西精华农科（苏州）有限公司；独资设立吴江太湖文化事业公司、太湖大学堂、吴江太湖国际实验学校；推动兴办武汉外国语学校美加分校；推动在上海兴办南怀瑾研究院（恒南书院）；恢复禅宗曹洞宗祖庭洞山寺；支持中医现代化研究——道生中医四诊仪研制与应用；资助印度佛教复兴运动；捐建太湖之滨老太庙文化广场。

数十年来，为接续中华文化断层心愿讲学不辍，并提倡幼少儿童智力开发，推动中英文经典课余诵读及珠算、心算并重之工作。又因国内学者之促，为黄河断流、南北调水事，倡立参天水利资源工程研考会，做科研工作之先声。其学生自出巨资，用其名义在国内创立光华教育基金会，资助三十多所著名大学，嘉惠师生云云。其他众多利人利民利国之举，难以尽述。

先生生平致力于弘扬中华传统文化，并主张融合东西文化精华，造福人类未来。出版有《论语别裁》《孟子旁通》《原本大学微言》《老子他说》《金刚经说什么》等中文繁简体及外文版著述一百四十余种。且秉持继绝兴亡精神与历史文化责任感，自行出版或推动出版众多历史文化典籍，并藏书精华数万册。

要之：其人一生行迹奇特，常情莫测，有种种称誉，今人犹不尽识其详者。

壬辰年（2012年）仲秋，先生在太湖大学堂辞世，享年九十五岁。

出版说明

南怀瑾先生一生致力于传播中国传统文化,他的论述涉及的学问领域之广,作品的影响力之大,在当代都是首屈一指的。南怀瑾先生的作品,素来有深入浅出、通俗易懂的特色,但是毕竟体量宏富,万象森罗,已正式出版的中文简体版作品超过五十种,总字数近千万,且以分门别类的专著为主,因而对于一般读者来说,阅读的门槛和压力还是有的。

我们策划这套书的目的,是为广大读者提供一种更轻松、关联性更强的阅读体验,也希望有更多新的读者通过这套书走近南怀瑾先生,走近中国传统文化。

为了达到这个目的,我们为每一本书设定了一个主题。每个主题一方面对应着南怀瑾先生作品中的一个重要内容板块,另一方面对应着与读者的关联性。每一本书一般由几个章节构成,每一章聚焦全书主题的一个方面,由几篇文章构成。每篇文章由标题引领一个相对完整和独立的叙述,大部分文章篇幅在三千字左右。每篇文章素材的选择,遵循知识性、趣味性和启发性三个原则。我们力求让每一篇读起来都是"散文"的体验，体量轻小，易于阅读和归纳理解，而篇章之间又组成更大的叙述和主题，让读者有层层渐进、步步深入的体会。

中国传统文化侧重人文，注重现实人生问题，而南怀瑾先生治学、讲学也注重实证实修，做学问与做人做事浑然一体，因而他的著作对于读者极具启发性。人生问题与每一个人息息相关，只是很多人在平常的生活中无法停下来思考这些问题，而一旦环境变迁、际遇变易，往往无法适从，这背后透露的正是人生观、价值观的缺失。不论古今中外，对个人来说，一生最重要的事无非立身、处世、做事、安心，中国传统文化在这方面拥有丰富的遗产。《人生无真相》这本书就将南怀瑾先生讲述的相关内容有序地组织起来，希望对于读者看透人生的规律、面对人生的困境、实现人生的价值有所帮助。

我们以"人生无真相"作为书名，是希望传递这样的信息：每个人在人生旅途中所看到的"真相"，都取决于各人的处境与境界；人生无真相，但是应该有方向；人生无答案，但是有选择。

第一章"人生的价值"，首先强调确立人生观的必要性，没有人生观的生活容易浑浑噩噩、随波逐流，其次以孟子的

"天爵""正命"和《易经》的"参赞天地之化育"说明在传统文化中人生的至高价值是什么。第二章"立身的原则",讨论一个人在社会上立足的前提、原则和方法,比如理解自我的个性、独立谋生、坚定自己的立场,如何通过学习提高自我,等等。第三章"处世的原则",从人情世故的内涵谈起,论述与人交往的原则与方法,比如宽容、诚恳,把握分寸感,正确应对毁誉等。第四章"事业的真义",讨论事业与职业的区别,什么才是真正的功德与成就,如何才能有大成就。第五章"人生的真相",探讨人生中无法违背的普遍规律,如何更好地应对命运的变化无常。第六章"修行的要义",以南怀瑾先生自己的经历和体悟为切入点,探讨传统文化中修行、安心的基础方法。第七章"人生的境界",论述传统文化中更为高远、抽象的生命认知和生活境界,如天人合一、上善若水等理念。

  本书所收的文章,有的是南怀瑾先生著作中较为完整的篇章摘选,如"此身的价值与烦恼"选自《原本大学微言》,"天爵与人爵,你选一个"选自《孟子与滕文公、告子》,我们只在原文基础上进行了精简、重分段落、重拟标题等。有的文章是从多部作品中摘选、衔接而成,如"我从不跟着潮流走",分别从《孟子与离娄》《南怀瑾讲演录:2004—2006》《瑜伽师地论·声闻地讲录》《孟子与尽心篇》《孟子旁通》等书中选择了相关段落，为了上下衔接，个别语句的顺序、措辞有调整。每一篇文章之后，注明了所选素材的出处。

需要说明的是，所选素材中有三处底稿目前尚未在大陆正式出版。"可以倒霉，但是不能有倒霉相"和"如何认清一个人"两篇的部分内容节选自《中国式的管理的出发》，原文发表于台北《净名文摘》杂志1988年1月1日第一卷第一期，系南怀瑾先生1982年向高校管理学院的学生讲话的记录；"人生难如意"一篇，部分内容节选自《谈缘》，原文是南怀瑾先生1982年向台湾地区"缘社"同人发表的演讲记录；"我九十多岁了，还没找到一个真仙真佛"一篇，部分内容选自《答覆"组团见南师"函》，原文是2010年1月24日以太湖大学堂秘书室的名义发出的一封回信。

此书能够出版，承蒙南怀瑾先生嫡孙暨法定继承人温州南品仁先生与南怀瑾文教基金会的信任与支持，特此致谢！

北京磨铁文化集团股份有限公司
南怀瑾系列作品编辑部

目录

第一章　人生的价值

此身的价值与烦恼　/ 2
人生不能没有"观"　/ 5
我从不跟着潮流走　/ 10
人生最重要的是什么　/ 14
天爵与人爵，你选一个　/ 19
人生的至高价值　/ 22
正命地活着　/ 25

第二章　立身的原则

如何理解自我的个性　/ 32
人生要如何起步　/ 37
成年人的第一课　/ 41

自立的前提　/ 46

忘记一切外界影响，就可以顶天立地　/ 50

人有三师　/ 54

如何面对穷困　/ 59

人生三道坎　/ 66

诚恳就是大智慧　/ 71

五个人生原则　/ 77

人生不可无所畏　/ 80

不着急，不求满　/ 84

享受的原则　/ 88

第三章　处世的原则

为什么要懂人情世故　/ 94

不要成为一颗"汤圆"　/ 100

前面的路，留宽一点给别人走　/ 103

高着眼，少低头　/ 107

可以倒霉，但是不能有倒霉相　/ 109

如何认清一个人　/ 115

朋友之道　/ 122

与人交往最重要的是分寸感　/ 128

柔与谦的哲理　/ 133

这三种情况，最容易招致怨恨　/ 136

毁誉如何了断　/ 141

能做好这六点，就天下太平了　/ 147

第四章　事业的真义

职业不等于事业　/ 154

什么才是真正的大富贵　/ 159

会用钱比会挣钱还难　/ 163

不动心，才能干大事　/ 170

成败都经过，才能有大成就　/ 173

第五章　人生的真相

人生难如意　/ 178

天下无如吃饭难　/ 184

改变命运要靠自己　/ 187

祸福无门，惟人自召　/ 190

力和命是两种东西　/ 194

无德而富贵，是人生最不幸的事　/ 198

人生的四种障碍，四种惧怕 / 202

在痛苦中成长 / 205

毕竟输赢下不完 / 210

清福比洪福还难享 / 213

第六章　修行的要义

我九十多岁了，还没找到一个真仙真佛 / 218

要运气顶好的时候放得下，才是修道 / 221

人不自欺，天下无敌 / 224

天地之间有正气 / 228

降服焦虑的心法 / 233

晚年如何安顿 / 238

修养的层级 / 241

修行者的画像 / 245

第七章　人生的境界

天人合一的生命观 / 254

如何理解生死 / 258

梦幻泡影是真的吗 / 263

澄澈到底，做一个自然人　／267

最平凡，最高明　／270

人生最高的享受是寂寞　／275

至高的水德　／280

附录　南怀瑾先生训诫　／283

第一章

人生的价值

此身的价值与烦恼

人们对生存的生命,所注重的现实人生,普遍认为"身"的存在就是生命,就是人生。其实"身"只是"生命"中机械性的存在,是现实中每一个人"自我"表达的存在容器。它是属于自然物理的、生理物质的现实,是偶然的、暂时的,受时间、空间限制的实用品。如果从"形而上"的心性精神观点来讲,此"身"不过是我们现在生命之所属,只有暂时一生的使用权,并无永恒占有的所有权。"身"非我,真正生命的我并非就是此"身"。

我们为了暂有的"身",假定以除去老幼阶段的中间六十年做指标来讲,每天为了它要休息,花费一半时间在昏睡中,可用的指标便只有三十年。一日三餐,所谓"吃喝拉撒睡"五件事,又减去了三分之一。如果像现在政界官场、工商企业家们的习惯,一日有两餐应酬,至少每餐要浪费两三个小时,加上夜晚的跳舞、歌唱,等等,不知道他们有多少时间办公?多少时间读书?如此这般,真为大家感到惋惜、心疼。但是人们都说这样才叫人生啊！我复何言！人们这样说，不是对人生的悲观，是因为我们幸得而有此生，幸得而有此身，所谓佛说"人身难得"，应当加以珍惜、自爱这个难得宝贵的"身"。

但话又说回来，我们的一生，单单为了此身的存在，为了它的需要所产生的衣、食、住、行，就忙得够呛，难有再多的时间为别人。因此，了解到做父母的、做社会服务的人，个个都是天生圣人，都是仁者。其实，活在人世间的人，几乎没有一个不是损人利己的，同时没有一个不是损己利人的。因为人是需要互助的，需要互相依存的。人跟别的生物不一样，所以形成了人群文化，形成了社会。

然而，此身为了生活已够麻烦，如果再加病痛和意外灾害，那麻烦可更大了。因此，道家的老祖宗老子便说："吾所以有大患者，为吾有身。及吾无身，吾有何患？"但是，由道家分家出来的神仙丹道们，却要拼命修身养性，以求此身的长生不老（死），忙上加忙，忙得不亦乐乎！真的长生不老的人没有看见，但他们有此永远的希望，因而洁身自爱，与吃喝玩乐过一生的相比，也就各有妙趣了。另有从痛苦生活中经历过来的人说："百年三万六千日，不在愁中即病中。"乍看虽然消极，事实上大多数人确实都有这样的境遇，所谓儒家"仁政"之道、"平天下"者，又将如何平之呢？

我们因为研究"大学之道",恰好讲到人我的"身心"问题,所以才引发有关"身见"的话题。曾子在原文中,并没有像佛、道两家那样,特别说明解脱"身见"的重要。你只要仔细读了那一段原文,便会注意到,他也是极其注意"心"的作用为主体,"身"只是"心"的附庸而已,所以最后特别说明一句"此谓修身在正其心"。并不像一般佛、道两家的支流分派,专门注重修炼"身"的生理气脉,便自以为是修道的真谛了。

不过,话又得说回来,"身"固然是"心"的附庸,可是在现实存在的生命作用上,人们一切思想行为表现在"外用"方面,完全是因为有身,才能造成这个人世间芸芸众生的种种现象。所以在《大学》有关"内明(圣)""外用(王)"的八纲目中,特别列出"修身"这项要点。但在"修身"的要点中,曾子所提的,只是与身心有关的"忿懥、恐惧、好乐、忧患"四个现象,并没有说到身的气脉、五脏六腑,以及现代所说的神经、肌肉等问题。这又是什么道理呢?答:儒家孔门的学问,最注重的是"人道"的行为科学,不像古代医学所讲的养生,专在生理变化上和心理相关的作用。如果要了解这方面的问题,应该多读《黄帝内经·素问》中的学识,配合现代医学、卫生等科学来作研究。

(选自《原本大学微言》)

人生不能没有"观"

哲学上有个名称叫"人生观"。我常常说现在这个教育错了，也没有真正讲哲学，因为要讲真正的哲学，人生观很重要。我发现现代许多人，甚至活到六七十岁的人，都没有一个正确的人生观。

我常常问一些朋友——有的很发财，有的官做得大，我说："你们究竟要做个什么样的人，有个正确的人生观吗？"他们回答："老师，你怎么问这个话？"我说："是啊！我不晓得你要做个什么样的人啊！譬如你们做官的人，是想流芳百世还是遗臭万年？这是人生的两个典型。"发财的呢？我也经常问："你现在很发财了，你这一辈子究竟想做什么？"可是我接触到的发财的朋友，十个里头差不多有五个都会说："老师啊，真的不知道啊！钱很多，很茫然。"我说："对了，这就是教育问题，没有人生观。"

我九十几岁了，看五六十岁的都是年轻人，这是真话。有些人都五六十岁了，还觉得自己年轻得很呢！我在五六十岁的时候也精神百倍，比现在好多了，现在已经衰老了。但是五六十岁也算年龄很大了，却还没有一个真正正确的人生观。换一句话说，看到现在我们国内十几亿人口，全世界七十多亿人口，真正懂得人生、理解自己人生目的与价值的，有多少人呢？这是一个大问题，也就是教育的问题。

我二十三岁时，中国正在跟日本打仗，四川大学请我去演讲。我问讲什么？总有一个题目吧？有个同学提出来，那就讲"人生的目的"。我说这就是一个问题。先解决逻辑上命题的问题，就是题目的中心。什么叫目的？譬如像我们现在出门上街买衣服，目标是服装店，这是一个目的。请问人从娘肚子里被生出来，谁带来了一个目的啊？现在有人讲人生以享受为目的，这也是一种目的。民国初年，孙中山领导全民思想，说"人生以服务为目的"。当年孙先生，我们习惯叫孙总理，提到孙总理谁敢批评啊？我很大胆，我说孙总理说"人生以服务为目的"也不对。谁从娘胎里出来就说自己是来服务的啊？没有吧！所谓人生以享受为目的、以服务为目的，不管以什么为目的，都是后来的人读了一点书，自己乱加上的。我说你们叫我讲的这个题目，本身命题错误，这个题目不成立。但是你们已经提出来要我讲人生的目的，那我说说第二个道理：在逻辑上，这个命题本身已经有答案，答案就是人生以人生为目的。

说到人生以人生为目的,现在许多人都搞不清楚了。那么人活着,生命的价值是什么?这也是个问题。前文提过的,一个人做官,是想流芳百世还是遗臭万年?这句话不是我讲的,是晋朝一个大英雄桓温讲的。这样一个大人物,他要造反,人家劝他,他说人生不流芳百世就遗臭万年,就算给人家骂一万年也可以啊。他要做一代英雄,这是他的人生价值观。历史上有这么一个人,公然讲出了他的人生目的。

讲到人生的价值,我现在年纪大了,一半是开玩笑,一半是真话。我说人生是"莫名其妙地生来"——我们都是莫名其妙地生来,父母也莫名其妙地生我们,然后"无可奈何地活着,不知所以然地死掉",这样活一辈子的人,不是很滑稽吗?

自己没有建立一个人生观,自己没有中心思想,就会受环境转变的影响。有的人没事做时,会很痛苦,就是因为自己没有中心思想的修养。如果自己有中心思想而退休闲居,就没有关系,否则的话,闲居时就很可怜。

譬如,穷与不穷,也是很妙的。有些境界是需要修养才能达到的,这也是中国文化与西方文化的不同点之一。古代历史上这类人有很多。比如明朝一位名士,是大画家,诗文也非常好,穷得不得了,第二天没有米下锅了,前一天晚上还坐在树下赏月吟诗。夫人唠叨他:"明儿都没米下锅了,还作诗?!"他看看天上的月亮说:"时间距明天早晨还有好几个时辰哩!明天的事明天管,现在还是看月亮吧,风景太好了。"

　　这是文人的修养,但是这种文人修养的胸襟、器度,又谈何容易!总而言之,一个人要在心理上构成一个中心思想,自己要有个境界。假使内在没有一个东西,人生是相当空虚的。有事情做,忙的时候不觉得,如果一个人把事放下来,处在清灵当中,就要受不了啦!这个穷还不只是指经济环境穷,人到了穷途末路,上了年纪,万事俱空,儿女离开了身边,老伴也去了,冷清清的一个人,的确不好受。这个时候,必须要有自己天地中的性天风月,有自己的修养才行。

　　孟子说:"贤者而后乐此,不贤者虽有此,不乐也。"不仅一个国家的政权如此,即使一个家庭的兴衰,每一个人的成败,也是如此。尽管创建了庞大的事业,拥有千万美金,如果没有中心思想,没有建立一个道德标准作为自己立身处世的基础,也是没有用的。因为这些有形的财富,只是暂时属于你的,而不是真正为你所有的。当你到了眼睛一闭、两腿一伸的时候,一块钱也不是你的了。

　　再说,物质环境好,是不是就一定能够快乐?这是一个观念问题,并不是绝对的。固然,物质环境的好坏可以影响到人的心情与思想。但拥有高度精神修养的人，能够以自己的心去改变环境。如孔子说颜回："贤哉，回也！一箪食，一瓢饮，在陋巷，人不堪其忧，回也不改其乐。贤哉，回也！"他自己有自己的天地，并不因为物质环境的不同而有所改变。如果没有中心思想，没有立身处世的道德标准和精神的修养，纵然有再多的财富、再好的物质环境，他在心理上，也是不会快乐的。

（选自《廿一世纪初的前言后语》《论语别裁》《孟子旁通》）

我从不跟着潮流走

一个时代的命运到了关键时刻,我们要怎样做?"无然泄泄",不可以马马虎虎,不可以跟着时代随便走。我们也经常听到有人说"你这样做不合时代"。我说:"老兄啊,我已经不合时代几十年了,我还经常叫时代合我呢,现在头发都白了,不合时代就算了。"我说:"你不要问我问题,也不要跟我学,因为我不合时代,怕传染到你。如果你要跟我学,对不起,你让时代跟我走,'无然泄泄',我不将就你。"此所谓独立而不移,要有这个精神。

"夫唯大雅,卓尔不群",这是班固特别创造的两句话。只有真正有文化、有思想的人,才能独自站起来,不跟着社会风气走,建立一个独立的人格。

跟着时代潮流走,就被冲得迷失自己了。所以,我一生从不跟着时代潮流走,结果现在我的旧东西反而更吃香了。何以能如此呢?因为潮流滚来滚去,我站在这里不动,它又滚回来了。所以,信而好古,老老实实去修行吧。

孟子说："天下有道，以道殉身。"这个"殉"字，有自然顺从的意思，可不要看成"殉葬"或"殉情"。当社会进入高文化发展阶段的时候，就是我普遍自然地生活在"道"的文化中，一辈子都活在"道"的自然德性中。

再者，"以身殉道"，不是"以道殉身"。当社会处在变乱中——道德沦丧，文化堕落，一般人生活在这样的社会，为生存而不择手段，互相争斗，唯利是图，只顾个人生命需要而自私自利，没有时间管什么道啊、德啊。在这种情况下，就是古人所谓的"覆巢之下，安有完卵"。一个有道德的人，想做"中流砥柱"绝不可能。所以，自古以来，道家或儒家的有道之士，就采取避世、避地、避人，隐遁山林，以待时机再出山弘道。

这种时势，在我们五千年的历史上，有很多次的惨痛经历，大家只要一读历史就可以明白了。再说，老子、孔子、孟子等这些圣贤，都生在离乱的时代，他们无可奈何，只好讲学传道。他们在滔滔浊世中，作为一盏盏暗路的明灯留给后世，薪火相传，不断道统，这就是"以身殉道"的精神。

以孟子所说，自古传承道统的圣贤只有两条路：一、在太平盛世，天下有道的时候，"以道殉身"；二、在天下变乱的时候，"以身殉道"。至于"未闻以道殉乎人者也"，是说不论人类社会的思想、教育、物质文明如何演变，"道"的文化精神，虽然看不见、摸不着，却是万古长存，变动不居。所以不管贫穷低贱、富贵通达，都要安于这个"道"。独立而不移，不要因为时代的变乱，各种学术的混杂而改变自己，对别人的盲目学说随声附和。如果歪曲自己的正见，而讨好时代的偏好，就叫作"曲学阿世"。

生在现代的中国人，正当东西方文化潮流交互排荡撞击的时代，从个人到家庭，自各阶层的社会到国家，甚至全世界，都在内外不安、身心交瘁的状态中度过漫长的岁月。因此，在进退失据的现实中，由触觉而发生感想，由烦恼而退居反省，再自周遍寻思、周遍观察。然后可知，在时空变迁中所产生的变异，只是现象的不同，而天地还是照旧的天地，人物还是照旧的人物，生存的原则并没有变。所变的，只是生活的方式。比如在行路中迷途，因为人为的方向而似有迷惑，其实，真际无方，本自不迷。如果逐物迷方，必然会千回百叠，永远在纷纭混乱中忙得团团转，失落本位而不知其所适从。

有些西方的朋友和学生，认为我是推崇东方文化的倔强分子，虽有许多欧美的友人屡屡邀请我旅外讲学，但始终懒得离开国门一步。其实，我自认为并无偏见，只是情有所钟，安土重迁而已。同时，我也正在忠告西方的朋友们，应该各自反求诸己，重振西方哲学、宗教的固有精神文化，以济助物质文明的不足,才是正理。

至于我个人的一生,早已算过八字命运——"生于忧患,死于忧患"。每常自己譬解,犹如古老中国文化中的一个白头宫女,闲话古今,徒添许多啰唆而已。

（选自《孟子与离娄》《南怀瑾讲演录：2004—2006》《瑜伽师地论·声闻地讲录》《孟子与尽心篇》《孟子旁通》)

人生最重要的是什么

名与身孰亲？身与货孰多？得与亡孰病？是故甚爱必大费，多藏必厚亡，知足不辱，知止不殆，可以长久。

——《老子》第四十四章

这一段话，是老子要我们看通人生的道理。世界上的人，就是为了名与利。我们仔细研究人生，从哲学的观点来看，有时候觉得人生非常可笑，有很多非常虚假的东西。像名叫张三或李四的人，名字只是一个代号，可是他名叫张三以后，你要骂一声"张三浑蛋"，他非要与你打架不可。事实上，那个虚名与他本身毫不相干，连人的身体也是不相干的，人最后死的时候，身体也不会跟着走啊！

利同样是假的，不过一般人不了解，只想到没有钱如何吃饭！拿这个理由来孜孜为利。古人有两句名诗："名利本为浮世重，世间能有几人抛？"名利是世人最为看重的，世界上能有几个人抛去不顾呢？

"名与身孰亲？"他要我们明白名是假的。与名相比，当然要更爱自己的身体。如果有人对你说，你最好不要出名，你出名我杀了你；那你宁可不出名，因为还是身体更重要。

"身与货孰多？"身体与物品比较，你手里有五百万元，强盗用刀逼着你说："把你的钱给我，不给我就杀了你。"这时你一定会放下那五百万元，因为身体更重要。

"得与亡孰病？"得与失哪一样更好？当然，我们一定会说，得到比较好。但是，一个人又有名又有利，那就忙得非生病不可。你说穷了再生病，连看病都没有医药费怎么办？这就涉及空与有的问题了。前面两句，名与身相比、身与货相比，我们一定会说身体更重要，名是身外，货是物质，当然都是其次。其实，"得与亡孰病？"就解释清楚前面那二句了。

老子对这些问题并没有讲哪个对哪个不对，两头都对也都不对。名固然是虚名，与身体没有关系，但是虚名有时候可以养身，没有虚名，一个人还活不下去呢！虚名本身不能养身，是间接的养身。身与货、身与名，两个互相为用，得与失两个也是互相为用。

这个道理，后来道家的庄子也曾引用。在《庄子》杂篇之《让王》中，当时韩国遭遇了魏国的骚扰，打了败仗，魏国要求韩国割地，韩国实在不愿意，痛苦极了。有个叫子华子的人劝韩王割地，说现在让了地将来还可以反攻拿回来。他问韩王，名利、权位与身体比，哪一个重要？韩王说当然身体重要。再问他，身体与膀子比较，哪一个重要？韩王说当然身体重要。所以子华子就劝他："现在你等于生了病，两个膀子非砍不可了；你砍了膀子以后仍有天下，有权位，你愿意要权位呢，还是愿意要膀子呢？"韩王说："我看还是命比膀子重要。"禅宗大师栯堂禅师有名的诗句——"天下由来轻两臂，世间何故重连城"，就是由此而来的。

说到人的生命，一个当帝王的，天下都属于自己，但是与自己生命相比的话，没有了生命，有天下又有何用？如果现在有人说，现在的天下还是属于汉高祖的，那汉高祖做鬼也会打你两个耳光，说："不要骗我了，与我根本不相干了嘛！"可是活在人世间的人看不开，偏偏看重连城之璧玉。蔺相如见秦昭王拼命护璧，因为那块璧的价值，可以买到现在法国、德国连起来那么大的土地。"天下由来轻两臂"，这是庄子用老子的话加以发挥。天下固然重，权位固然重，如果没有生命的话，权位又有什么用？天下有什么用？可是，就实际情形来看，还是天下重要，所谓"世间何故重连城"，人世间为了财富、为了虚名，忙碌一生，连命都拼进去，这又何苦来哉?!

老子更进一步告诉我们,懂了这个道理——生命的重要,那么"甚爱必大费,多藏必厚亡"。你对一样东西爱得发疯了,最后你所爱的丢得更多,就是"爱别离苦",这是佛说的"八苦"之一。"多藏必厚亡",你藏的东西不管多么多,最后都是为别人所藏。

报纸上曾有两则新闻,说宜兰有一个人,一辈子讨饭,死了以后在床下找出五六十万元来,这正是"多藏必厚亡"。同样地,美国有一个人也是如此,平常讨饭过日子,死的时候遗留了一百多万。这样的人生,不知道他是否也算看得很透;也许上天的意旨要他这么做,真是不可思议啊!

因此老子教了我们一个人生的道理:人生什么才是福气。"知足不辱",真正的福气没有标准,福气只有一个自我的标准、自我的满足。今天天气很热,一杯冰激凌下肚,半碗凉面,然后坐在树荫底下,把上身衣服脱光了,摇两下扇子,好舒服!那个时候比冷气、电风扇什么的都痛快。那是人生知足的享受,所以要把握现实。现实的享受就是真享受,如果坐在这里,脑子什么都不想,人很清醒,既无欢喜也无痛苦,就是定境最舒服的享受。

不知足,是说人的欲望永远没有停止,不会满足,所以永远在烦恼痛苦中。老子所讲的"辱",与佛家讲的"烦恼"

是同一个意思。

"知止不殆",人生在恰到好处时,要晓得刹车止步,如果不刹车止步,车子滚下坡,整个就完了。人生的历程就是这样,要在恰到好处时知止。所以老子说,"功成、名遂、身退",这句话意味无穷,所以知止才不会有危险。这是告诉我们知止、知足的重要,也不要被虚名所骗,更不要被情感得失所蒙骗,这样才可以长久。

(选自《老子他说》)

天爵与人爵,你选一个

孟子曰:"有天爵者,有人爵者。仁义忠信,乐善不倦,此天爵也;公卿大夫,此人爵也。古之人修其天爵,而人爵从之。今之人修其天爵,以要人爵;既得人爵,而弃其天爵,则惑之甚者也,终亦必亡而已矣。"

这里孟子说的是人格的修养。我们人生的价值在哪里?现在的人求的只是"人爵"中"公卿大夫"以外的第三样:钱。

"爵"是爵位,权威的标志。在宇宙中有两种大爵:一种是"天爵",形而上的;一种是人世间的"人爵"。一个人有高尚的道德修养——包括"仁、义、忠、信"等,随便哪一条,要坚信不移,不但人格修养要能做到,还要"乐善不倦"。这四个字很重要。只向好的方面做,不怕打击。做好事,有时候做得灰心,遇到打击就不再做,还是不行;要只问耕耘,不问收获,虽受了打击,还是毫不改变,毫不退缩地做下去,这是"天爵"。这种人,上天给他什么位置,就不知道了,因为上天的爵位,有很多等级。"人爵",是公卿大夫,是官做得大，以现代的说法，是当首相、当总理、当行政院长，或者是有钱，像世界航业巨子奥纳西斯，就是人间的爵位。

中国上古时期只以道德为做人的标准，"古之人修其天爵，而人爵从之"。古人的修养，是成就"天爵"，不问"人爵"如何，来也好，不来也好，听其自然。现在的人，连"人爵"也不修了，只求"钱爵"，认为学问有什么道理！有钱最好！所谓"有钱万事足"。几十年前，小孩读书的课本，先读："天子重英豪，文章教尔曹；万般皆下品，唯有读书高。"

现在是"万般皆上品，唯有读书低"，因为时代变了。

但是在我看来，还是读书高，因为读书求"天爵"的人，根本没有考虑现实环境的变化。环境变化无常，只是一个历史偶然的过程，从历史上看，这种史实太多了，偶然遇上，算不了什么。这就是庄子说的："人之君子，天之小人也。"在人群中看起来，得"人爵"的人了不起，但在形而上看起来，是小人一个；而在形而上看来的圣人、菩萨，在人世间既穷又困，他们是"天之君子，人之小人也"。所以，人生有两个大道理，一为得"天爵"，一为得"人爵"。

从历史上来看，得"天爵"的人，释迦牟尼是一个，孔子是一个，孟子是一个，耶稣也是一个，他们都是得"天爵"的人。

耶稣虽然被人定罪，把他钉死在十字架上，可是他流出来的血是红的，不像四果罗汉，流的血是白的，这表示他被钉死的痛苦，和我们人是一样的。可是他并没有难过，为了救世人，代世人赎罪。在佛教的观点上，他就是舍己为人，无论如何，他的选择是非常伟大的。

比如孔子，想救世而救不了，自己连饭都吃不起，还在那里弹琴，人家骂他栖栖惶惶如丧家之犬，他却忙得如野狗一样到处跑。可是他是万世师表，永远不倒的圣人，所谓"天爵"也。

至于释迦牟尼，有现成皇帝不当，出来修行传道当了教主。当时，他并不是为了当教主才出来的，教主是后世捧他而起的绰号。他的精神和教化，永远长存，这也是"天爵"，是人生的价值。

所以一个人的人生，准备走向哪条路，事先要想清楚。青年朋友们不要忘记，"钱爵"（前脚）固然重要，后脚更要留心，不要只顾"钱爵"（前脚）而后脚退不了啦，没有退路了。

孟子感叹：现今的人，"修其天爵"，满口仁义道德，并不是真的，只是一种手段，以求达到个人成功；等到个人的欲望满足了，也就不谈修养了。这种人属于昏聩，不要只把他当小人看，他最后一定会彻底失败，自取灭亡。

（选自《孟子与滕文公、告子》）

人生的至高价值

老子说:"故道大,天大,地大,王亦大。"这一段谈"天"说"地",却又忽然钻出一个"王"来,王是代表人。依中国传统文化,始终将"天、地、人"三者并排共列。为什么人在其中呢?因为中国文化最讲究"人道",人文的精神最为浓厚,人道的价值最被看重。假定我们现在出个考题,"人生的价值是什么?"或者"人生的目的是什么?"若以中国文化思想的观点来作答,答案只有一个,就是《中庸》说的"赞天地之化育"。此中"赞"乃"参赞"之意,即"参考""参照"的意思。

"赞天地之化育",正是人道价值之所在。人生于天地之间,忽尔数十年的生命,仿如过客,晃眼即逝,到底它的意义何在?我们这个天地,佛学叫作娑婆世界,意思是"堪忍",人类生活其上,还勉勉强强过得去。这个天地并不完备,有很多的缺陷、很多的问题,但是人类的智慧与能力,只要人们能合情合理地运用,便能创造一个圆满和谐的人生,弥补天地的缺憾。

譬如，假若天上永远有一个太阳挂着，没有夜晚的话，人类也就不会去发明电灯，创造黑暗中的光明。如果不是地球有四季气候的变化，时而下雨，时而刮风，人类也不会筑屋而居，或者发明雨衣、雨伞等防雨用具。这种人类因天地间的种种现象、变化所作的因应与开创，就叫作"参赞"。此等人类的智慧与能力太伟大了，所以中国文化将它和天地并举，称为"天、地、人"三才。这是旧有的解释。

那么，"道大，天大，地大，王亦大。域中有四大，而王居其一焉"。"域"是代表广大的宇宙领域。此处道家的四大，与佛家所谓的四大不同。佛家四大，专指物质世界的四种组成元素——地、水、火、风。而道家所讲的四大，是"道、天、地、人"。这个"四大"的代号由老子首先提出。

四大中人的代表是"王"，中国上古文化解释"王"者，旺也，用也。算命看相有所谓的"旺相日"，在古代文字中，也有称"王相日"的。每个人依据自己的八字选择对自己有利的旺相日那一天去做某一件事，认为便可大吉。宇宙中，为什么人能与"道大、天大、地大"同列为四大之一呢？这是因为人类的聪明才智，能够"参赞天地之化育"，克服宇宙自然界对人存在不利的因素，在天地间开演一套源远流长的历史文化。

中国文化中把人提得非常高。现在我们听到外国人讲一声人道主义，便跟着人家屁股后面走，我看了真有无限的感慨。这些人真是可怜，忘记了自己的文化。放眼世界，今天讲人道主义的，除了中国，大多都是乱吹的，是后生晚辈。大家可以看看我们的《易经》，那才真是人道主义的文化。

"赞天地之化育"，就是说，人修道、修养到了这个境界，就可以弥补天地的缺陷了。这就是我们的道统，尧、舜、禹三代传心的法要。所谓儒、道两家标榜的内圣外王，上古三代圣王尧、舜、禹，他们内圣的修养，关键就在这里。他们内圣修养到达了万物之化育的境界，所以可以达到天人合一。其他的老祖宗，如黄帝、伏羲、炎帝等，都得到了这个道统，内圣而后外王；历代的名臣名相，有功业留在历史上的，都是因为他内圣做到了，然后出来外王。

（选自《老子他说》《易经系传别讲》《庄子諵譁》）

正命地活着

孟子说："莫非命也，顺受其正。是故知命者不立乎岩墙之下。尽其道而死者，正命也；桎梏死者，非正命也。"

孟子这里所讲的是现世之命，一切都是命定，但我们要不怨天不尤人，"顺受其正"，就是正命地活着。世界上每个人对现实的人生都是不满意的，当遭遇不好时，或者怨天，或者尤人。

孔子曾说，人应该不怨天不尤人。这是最难做到的修养。有时明明自己错了而不知道，或反省不出来，于是就怨天尤人。信宗教的人也会说，我再也不信上帝，或者不信菩萨了。其实讲这样的话，已经是最大的怨天尤人了，因为他心里认为自己没有错，错在上帝、菩萨或他人。再不然，正如现在报纸上说的，我没有错，这是社会的问题，是社会的错。试问社会是谁的？社会只是一个名词，是人群结合在一起的大众。换言之，社会就是人群，自己也是社会的一分子呀！明明是自己的错，为什么推过给社会呢？

再说，怨天尤人就是迁怒。孔子说颜回的修养最高——"不迁怒，不贰过"，他错了没有怪到别人身上。有人只是小的迁怒。例如，有人正在生气的时候，别人有事找他，他就骂这人一顿，这也是迁怒的一种形态。可是一般人往往反省不到这点，因此往往会坏了大事，害己害人。有的夫妇之间，并无大的纠葛，然因迁怒而反目成仇，竟而酿成生离死别的悲剧。

其实人性都是善良的，做错了事，立刻会脸红一下，但不到两秒钟，就认为不是自己的错，错的都是他人。认为如果不是别人如何如何，自己就不会这样错，归根结底，总认为是别人的错。人就是这样既不会反省，又常会迁怒他人。

真正的修养，是在动心忍性之间，能够确实检查出自己的错误，然后"顺受其正"——所受的一切遭遇，不怨天、不尤人，不迁怒、不贰过。这就是正命地活着，也就是佛法所说的"八正道"（正见、正思维、正语、正业、正命、正精进、正念、正定）中的正命。

"是故知命者不立乎岩墙之下。"真知道正命而活的人，不会站在岩墙下面。这句话的意思，扩而大之是说明，知道是过分危险的地方，尽可能不去；过分危险的事情，尽可能不做；绝不故意斗狠逞强，去冒可能有意外丧命的风险。

但有一点,当国家、民族有难,如果自己的牺牲可以挽救国家、民族的危亡,拯救许多生灵,那就毅然地去牺牲。这也是正命,是圣贤菩萨的用心,如文天祥、岳飞就是。但是不必要的危险,则不必去冒。年轻人喜欢做不必要的冒险性嬉游,就是"非正命而玩"。有一个人在花莲奇莱山坠岩死了,另有一个人很不服气,说那个人差劲没出息,他也逞能去爬,结果也爬得不见踪影了。这种非正命而玩,就成了非正命而亡。

所以"尽其道而死者,正命也",人生的责任尽到了,做完了,一切尽心了,寿命到了,顺其自然就去了,这是"正命"。因好勇、斗狠、赌气而死的,就是非"正命"而死。所以为国家、民族而死于战场的,是"正命",在中国历史上,那是为正义而亡。聪明正直者死而为神,这神并不是由什么皇帝封的,而是当时以及后世千秋万代共同所敬仰的。

中华民族对于"正命"而亡者,有如此尊重!所以信奉宗教的人可以注意。"正命"也就是在儒家的《孝经》中引用孔子说的话:"身体发肤,受之父母,不敢毁伤。"其实,儒、佛两家的精神是一样的,佛家说,人若无故损伤自己的身体,在自己身上割一刀,那就如同出佛身上的血一样,就是犯了菩萨戒。因为每个人的身体都是佛的身体,如果有一天悟道了，就成肉身佛，所以不可以随便糟蹋自己的身体。宋儒陆象山说过几句话，大意是"东方有圣人，西方有圣人，此心同，此理同"。真理只有一个，中国是这样说，印度是那样说，大家都是父母所生的血肉之躯，只是言语文字表达不同而已。

孟子还说："求则得之，舍则失之，是求有益于得也，求在我者也。求之有道，得之有命，是求无益于得也，求在外者也。""万物皆备于我矣。反身而诚，乐莫大焉。强恕而行，求仁莫近焉。""哭死而哀，非为生者也；经德不回，非以干禄也；言语必信，非以正行也。君子行法，以俟命而已矣。"

"求则得之"，当然最初要自己立志（发心）求道，道就在自己本身，诚心去求，就可以成道。"舍则失之"，如果不立志发心去求，就无道可得了。"求在我者也"，因为道是向自己内求的，只要活着就有命，有命当然就有灵性的存在，会思想，有感觉，就有心。有心、有性又有命在，那么一切性命之理的大道就在自己这里，不必外求。

所以孟子告诉我们"万物皆备于我矣"，人现在活着的自身，就和宇宙的功能一样，没有一点缺损。活着本身，具备了下地狱的种性，也具备了上天堂的种性，更具备了成佛、成圣人的本性，当然也具备了成畜生的性能。

"哭死而哀，非为生者也"，有朋友死了，因而哭得很伤心，这哭并不是哭给活人看的。不久前一个青年写文章说，他父亲死了，父辈们去吊丧，有人哭得很厉害。

"经德不回，非以干禄也"，"经"就是直道，有些人以直而坚强的直道，守住他的道德标准，毫不转弯。但这样做并不是为了名利，也不是为了好人好事大会上的表扬，而是为了自己经常遵守的直道。

"言语必信，非以正行也"，说话言出必行，不只是借了钱一定要还，开出去的支票一定要兑现，这只是小信；大信是自己做得到的才说，做不到的不说，不讲空话。

用自己内在的天性，自然地向外流露，不是为了适应外在的人、物、事。所谓"君子行法"，就是效法这个道理"以俟命"，这就是修命。

由此可知，儒家所说的"命"，就是人在活着时的生命价值；"俟命"就是人活着，应该如上面所说的三句话那样，也就是正命，那是生命的意义与价值。

（选自《孟子与尽心篇》）

第二章

立身的原则

如何理解自我的个性

孔子说:"恭而无礼则劳,慎而无礼则葸,勇而无礼则乱,直而无礼则绞。君子笃于亲,则民兴于仁。故旧不遗,则民不偷。"

这一节我们要深入研究,意义包括很多。大而言之,就是政治领导哲学;小而言之,是个人的人生修养。

恭就是恭敬。有些人天生态度拘谨,对人对事很恭敬;有些人生来昂头翘首,蛮不服气的样子。有的长官对这种人印象很坏,其实大可不必,这种态度是他的禀赋,他内心并不一定这样。所以我们判断一个人的好坏,不要随便被外在的态度所左右,尽量要客观。孔子所说的"恭而无礼",这个礼不是指礼貌,是指礼的精神、思想文化的内涵。所以不要认为态度上恭敬就是道德,要看内在的涵养。

"慎而无礼则葸",有些人做事很谨慎,非常小心。小心固然好,过分地小心就变得无能、窝囊,什么都不敢动手了。我们土话说"树叶掉下来怕打破头",确有这种人。

"勇而无礼则乱",有些人有勇气、有冲劲,容易下决心,有事情就做了,这就是勇。如果内在没有好的修养,就容易出乱子,把事情搞坏。

"直而无礼则绞",有些人个性直率、坦白,对就是对,不对就是不对。当长官的或当长辈的,有时候遇到这种人,实在难受,常叫你下不了台。老实说,这种阳性人心地非常好,很坦诚。但是学问上要经过磨炼、修养,否则就绞,绞得太过分了就断,误了事情。

这四点——恭、慎、勇、直,都是人的美德,很好的四种个性。但必须经过文化教育来中和,不得中和就成为偏激了,这四点也成了大毛病,并不一定对。太恭敬了,变成劳。我们中国人说"礼多必诈",像王莽就很多礼。太谨慎了变得窝囊。太勇敢了,容易决断,变得冲动,有时会误了事情。太直了,有时不但不能成事,反而偾事。项羽的个性就是太勇、太直了。清代诗人王昙说他"误读兵书负项梁",很有道理。所以教育文化非常重要,自己要晓得中和。

孔子又说:"好仁不好学,其蔽也愚。好知不好学,其蔽也荡。好信不好学,其蔽也贼。好直不好学,其蔽也绞。好勇不好学,其蔽也乱。好刚不好学,其蔽也狂。"

第一点,仁虽然好,好到成为一个滥好人,没有真正的学问涵养，是非善恶分不清，这种好人就成了一个大傻瓜。

儒家讲仁，一如佛家讲慈悲。盲目地慈悲也是不对的，所谓"慈悲生祸害，方便出下流"。仁慈很重要，但是从人生经验中得知，有时我们出于仁慈帮助了一个人，结果反而害了被帮助的人。这就是教育的道理，告诉我们做人做事真难啊。

善良的人不一定能做事；好心仁慈的人，可能学问不够、才能不够；流弊就是愚蠢，加上愚而好自用便更坏了，所以对自己的学问、修养要注意，对朋友、对部下要观察清楚，有时候表面上看起来是对某人不仁慈，实际上是对这人有帮助。做人做事，越老越看越惧怕，究竟怎样做才好呢？有时自己都不知道，这就需要智慧、需要学问，这是第一点。

第二点，孔子说许多人知识非常渊博，而不好学（这就是我们强调的，学问并不是知识，而是个人做事、做人的修养），它的流弊是荡。知识渊博了，就非常放荡、任性，譬如"名士风流大不拘"，就是荡。知识太渊博，看不起人，样样比人能干，才能很高，却没有真正的内在修养，这种就是荡，对自己不够检束。这一类人也不少。

第三点，"好信不好学，其蔽也贼。"这个"信"到底指哪个"信"？假使指信用的信，对人言而有信，这还不好？假如好信不好学就是贼——鬼头鬼脑，这怎样解释呢？对人对事，处处守信，怎么会鬼头鬼脑？这里的"信"，至少在《论语》里有两层意义：自信和信人。过分地自信，有时候会出事，因为过分自信，就会喜欢去用手段，觉得自己有办法，这个办法的结果害了自己，这就是"其蔽也贼"。

第四点，"好直不好学，其蔽也绞。"一个人太直了，像绳子绞起来一样，就是不好学，没有修养，迟早要绷断的，要偾事。脾气急躁的人会偾事，个性疏懒散漫的人会误事，严格说来，误事还比偾事好一点，偾事是一下子就把事弄砸了。所以个性直的人，自己要反省到另一面，如果不在另一面修养上下功夫，就很容易偾事。

第五点，"好勇不好学，其蔽也乱。"脾气大，动辄打人，干了再说，杀了再说，这是好勇，没有真正修养，就容易出乱子。

第六点，"好刚不好学，其蔽也狂。"就是直话直说，胸襟开阔，同第四点有一致之处。刚的人一动脸就红了，刚正就不阿，好刚的人不转弯的，绝不转变主见。个性很刚的人，若不好学，就会变得狂妄自大，满不在乎。

每个人都可以把《论语》这六点写在笔记本上，或写在案头，作为一面镜子，随时用来反省自己。

这六点也可看作人的个性分类。这六种个性都不是坏事，但没有真正内涵的修养，就都会变成坏事。每个人的个性不同，或仁、或知、或信、或直、或勇、或刚，但不管哪种个性，重要的是自己要有内涵，有真正的修养。

最难的是认识自己，然后征服自己，把自己变过来。但要注意并不是完全变过来，否则就没有个性，没有我了，每个人要有超然独立的我。每个人都有他的长处和短处，一个人的长处也是他的短处，短处也是长处，长处与短处是一个东西，用之不当就是短处，用之中和就是长处，这是要特别注意的。

（选自《论语别裁》）

人生要如何起步

孟子指出，一个知识分子，受教育的目的是人格的养成，尤其对于立身出处的认识，更为重要。

所谓立身，就是长大成人以后，在世间做怎样的人？站在一个什么立场上？建立一个什么样的人格？用现在的话来说，是要把自己的立场搞清楚。在家是在家的立场，出家是出家的立场，做生意就有做生意的立场，学生有学生的立场，都要搞清楚。

所谓出处，等于走出大门，第一步跨出去的时候，就要好好选择方向，往什么地方走，怎样走。例如，现在社会上很喜欢谈到青少年的出路问题。也许有的人抱持一个"有路就出"的态度，俗语所谓"有奶便是娘"，只要有钱可赚，叫别人爷爷都可以，甚至寡廉鲜耻、违背良心的事都去做。有的人则不计较待遇，只求有学习的机会，增加人生的历练，能进德修业的事才做，这就是出处的问题。

一个人到社会上立足的第一步，会关系到一生的成败，或幸或不幸。所谓立身出处，就是第一步跨出来到社会上时，要非常慎重，而且不只是人生的第一步重要，每天、每事的第一步同样重要。

假如今天早上有人找上门来，要给你一个立即可以发财的机会，或者一个名利双收的工作、职务，千万不可因一时的近利而骤然答应下来，一定要仔细谨慎地考虑，利愈近、愈大，就更应该愈慎重地考虑。这也是关键性的第一步，踏不踏出去是非常重要的，因为一生的是非、善恶、祸福很可能就在这一步之间。

例如，汉代的名臣杨震，有人在半夜送红包给他，对他说，你老人家尽可以收下来，这事没有人知道的。杨震说："怎么没有人知道呢？天知，地知，你知，我知，起码有四方面都知道了。"这便是大家所熟知的堂名号"四知堂"的来由，美誉流传千年，迄今人人皆知。

"守身"这件事，如果发挥起来，包含的意义有很多。尤其是青年们，在今天这个思想纷杂、人伦规范混乱的时代，交朋友的时候要特别注意，一步错了，这一生就掉下去了，殊不上算。所以做人、做事、交友，都要谨慎。一个人只要立身正，事业失败没有关系，可以再站起来；立身不正，倒下去了，就是万丈深渊，万劫难复，这就是古人说的"一失足成千古恨，再回头已百年身"。

子列子学于壶丘子林。壶丘子林曰:"子知持后,则可言持身矣。"列子曰:"愿闻持后。"曰:"顾若影,则知之。"

——《列子》

壶丘子林是列子的老师,道家的一个高士。他告诉列子一个原则:"子知持后,则可言持身矣。""持身"就是如何保持身心,如何建立和爱惜你的生命,同时有第三个意义,就是"立身处世"。一个人活在世界上,如何站起来,在社会上有所建树。

有事业的人才叫作站起来的人,叫作"立身",顶天立地,站在天地之间,不枉做一个人。"处世"就是怎么活得有价值,受人重视爱护。"立身处世"就包含了《列子》的"持身"观念。

壶丘子林告诉列子"知持后"这句话,真正的意思是告诉他,一个人讲一句话、做一件事,都要晓得后果。譬如买股票,也许赚大钱,也许蚀本,后果是非好坏,事先已经很清楚,这叫作知道"持后"。有这样高度智慧的人,才可以言"持身",才懂得人生,然后就可以了解"立身处世"了。

一个人做一件事、讲一句话,就像是自己的第二生命,因为大家都看到他的影像了。事情做错了,中国的社会习惯,不大喜欢当面说穿,背后一定批评,这就是你的影子。所以我们做任何事都要顾到后影如何，所谓历史上万世留名，名就是个影子，这个影子究竟好不好，在你做的时候就要先考虑，这也就是"持身"。

（选自《孟子与滕文公、告子》《维摩诘的花雨满天》《孟子与离娄》《列子臆说》）

成年人的第一课

中国文化中儒、释、道三家，各有三句话需要了解，就是佛家讲"明心见性"，儒家叫"存心养性"，道家说"修心炼性"。实际上，这就是生命的大科学。

《大学》里"大学之道，在明明德，在亲民，在止于至善"。这句话就是大原则。中国的传统文化，是六岁入小学，十八岁已成为成年人了，便进入大学。大学者，大人之学也。所谓大人，就是成年人的意思，成年人的第一课，先要认知生命心性的基本修养。所谓"明明德"，就是明白心性问题。这个"德"字，"德者，得也"，得到生命本有的学问，这属于内学，也叫内圣之学。

儒家所谓的圣人，在道家老庄的讲法叫真人，你听这个名称就可以知道，一个人成年以后没有真正修养心性，都是不够成熟的，就不足以称为成年人。以"真人"这个名称来说，必须要有真正心性的修养，认得那个生命的根本。道家所说的真人就是神仙，超乎一般平庸的人了。换句话说，没有明白自己生命根源的心性以前，都是行尸走肉的凡人，也就是假象的人而已。"大学之道,在明明德",是在说明"内圣"以后，才可以起大机大用之"外王"。这个"王"字，"王者用也"，上至帝王，下至贩夫走卒，不过是职务的不同，其实都是启动心性外用的行为。所以"在明明德，在亲民，在止于至善"，这样才是一个完成圆满人格的人，也可以叫他圣人或真人了。

那么怎么修养呢？有七个程序："知止而后有定，定而后能静，静而后能安，安而后能虑，虑而后能得。"

你看"知止而后有定"，第一个是知性的问题。知，就是每个人生来能知之自性的功用，学佛学道，成仙成佛，第一步也都要知道"知止而后有定"。譬如，我们大家现在坐在这里，都知道自己坐在这里吗？这个能知之自性是什么呢？这个能知之自性不在脑中，也不在身上，是与身心内外都相通的。但现在西方医学与科学都认为能知之自性是生理的、唯物的，归之于脑的作用，其实脑不过是身识的一个总汇。中国文化讲本体是心物一元的，知性不在脑，是通过脑而起作用。

再说我们的思想、身体要怎么定呢？平常人的知性，是跳跃、散乱、昏昧不定的，但是又必须要以知性的宁静、清明把散乱、昏昧去掉，专一在清明的境界上，这才叫作"知止"。知止了以后再进一层才是定。佛教传进中国以后，把大小乘修行的一个要点叫"禅定"。"禅"是梵文的翻音，"定"是借用《大学》"知止而后有定"这个"定"字来的。

这个"知止而后有定"的境界，渐渐会进入一种安详、静谧的状态，这叫作"静"。到了静的境界以后，再复进入非常安宁、舒适、轻灵的境界，这叫作"安"，借用佛学特别的名词，叫它"轻安"。再由轻安、清明、不散乱、不昏昧，非常接近洁净的境界，就会发起"不勉而中，不思而得"的慧力，这叫作"虑"。

这个"虑"的意思，不是思想考虑的虑，是在定静、安适的境界里自性产生的智慧功能，不同于平常散乱、昏昧的思想。它是上面所说的"不勉而中，不思而得"的智慧境界，这两句名言出自曾子的学生子思所著的《中庸》，就是对于"安而后能虑"的诠释。我们现在借用佛学的名词来说明这个"虑"字的内涵，就是"般若"的境界，中文可翻译为"慧智"。它不同于一般的聪明，我们现在用的思想学问都是聪明所生，不是慧智，慧智跟聪明大有差别。透过这个慧智，然后彻底明白生命自性的根源，在《大学》就叫作"虑而后能得"。得个什么？得个生命本有智慧功能的大机大用，这才叫作"明明德"。

换句话说，我们这个生命，思想像陀螺一样在转，佛法告诉我们，一个人一弹指之间，思想有九百六十转，这是生命中认知的大科学。比方我们写一篇文章或写一个字，那里面不知有多少思想在转动啊！你给情人写一封信，"亲爱的，我爱你……"这一念之间的思想情绪已经从国外转起，转到中国了。像人们谈情也好，讲话也好，思想转动得很厉害，极不稳定。注意哦！比如我们说一个"现在"，这句话是一个思想，是一个念头在动，这是"想"不是"思"。当说个"现在"，里头早已经想到下面要说的另一句话，不止几百转了，这是很微细的"思"的作用。因此要随时知止，把它定在那里，像陀螺一样虽在转动，其实陀螺中心点都在本位。所以说"知止而后有定"，这是第一步！

"定而后能静"，什么叫静？这里面牵涉物理科学。世界上万物的生命没有真正的静止，生理、物理的世界都在动。轻度地动、慢慢地动，看起来是安静的，这是假的静，不是真的静。譬如地震，本来地球内部都在变动，不过现在因为地球内部的物理变化，地和风（气）、水、火中间起大冲突，有大的震动，我们才明显感觉到震动。其实有很多的震动我们是感觉不到的，而有些其他的生物反而比我们更能感受得到。

如何才能做到"静而后能安，安而后能虑，虑而后能得"

呢？最重要的就是要能"知止"，真正认知一个能使它安静下来的作用，才能做到所谓的大静、大定，那就要牵涉哲学上的本体论，现在只能大略带过。所以《大学》之道讲"修身、齐家、治国、平天下"，首先须从知、止、定、静、安、虑、得的内圣的静养开始，这是中国几千年以来的教化传统。

（选自《廿一世纪初的前言后语》）

自立的前提

人要自立，自己先要站起来，己立而后立人。一个人要学谋生的技能，先要看自己的所长，学个专长。最可怜的是无专长，像年轻时前辈老师们骂我们的"肩不能挑担，手不能提篮"。读书人最可怜了，不能做劳工，只会用嘴巴吹牛混生活。古人说，良田千顷不如一技在身，这是非常重要的观念。

大家都说我在推广读经、读古书，不是的，是中、英、算（中文、英文经典，珠心算）一起来。其实，学问是学问，知识是知识，要学会文化。什么叫作礼？这是文化。第一，不要傲慢，不要看不起人；第二，每个人要学会谋生的技能，做个水电工，乃至做个建筑工人都可以。学问归学问，职业归职业，人品归人品，千万不要傲慢。

人生要建立自己谋生的职业，不要随便求人。自己会谋生了，就可以建立起独立人格了。

现代教育，的确要注重职业教育，因为普通教育在大学毕业以后，连谋生技能都没有，吹牛的本事却很大。今日的青年应该知道，时代不同了，职业重于一切，去解决自己生活的问题，必须自己先站得起来，能够独立谋生。学问与职业是两回事，不管从事任何职业，都可以做自己的学问，不然，大学毕业以后，"眼高于顶，命薄如纸"八个字，就注定了命运。自认为是大学毕业生，什么事都看不上眼，命运还不如乞丐；没有谋生的技能，就如此眼高手低，那是很糟的，时代已经不允许这样了。

处事要大处着眼，小处着手。千万不能说我只想做大事，小事就一概不管。假如小事都做不好，还能做大事吗？连一锅稀饭都煮不好，却说要救天下，那不是吹大牛吗？

举一个小例子。中国商业发展到今天，历史上有名的大商帮，一个是晋商，山西的票号很有名；另一个是徽商，扬州是安徽徽商的天下。从古代到现在，徽商对文化、工商业发展的贡献，可说是第一位的。

安徽朋友告诉我，安徽人很辛苦，对自己的出身很感慨。他们常常念叨"前世不修，生在徽州，十三四岁，往外一丢"。古代的孩子是这样，父母对孩子用心培养，忍心把十三四岁的孩子送出去当学徒，绝没有现在的父母对孩子的溺爱。

我们当年也是这样。像我十九岁离开家，十年后抗战胜利才短期回家，之后再没有回去过！也没有靠兄弟、父母、朋友的帮忙,都是自己站起来的。一个孩子要自立,只希望他有一口饭吃,不要做坏事,出来做什么事业是他的本事与命运。

安徽人十三四岁就去做学徒,跟着学商,到外地发展;长到十七八岁或二十岁回来,家里给他订婚了(旧时订婚男女不必见面的)。讨了老婆,过个一两年又出来了,出来七八年,甚至十来年才回去一趟。所以安徽的男人对他们的太太都非常感激,老了会为她们修个贞节牌坊。

我也是十八九岁自己混出来的,我不是伟人,伟人都是自己站起来的,没有什么教育,都是自学出来的。我再一次跟你们讲,不要只是望子成龙、望女成凤。中国古文里有一句话——"恩里生害",父母对儿女的爱是恩情,爱孩子爱得太多了,反过来是害他不能自立的,站不起来了。

并不是不要爱孩子,哪一个人不爱自己的孩子啊!我也子孙一大堆啊!我让他们自己站起来。

大家晓得我的孩子有在外国读书的,有一个还是学军事的,西点军校毕业。不是我鼓励他,也不是我培养他,他十二岁连ABC也不认得就到美国去了,最后进入军事学校。他告诉我:"我不是读军事学校啊,我是下地狱啊!"我就问他:"那你为什么要考进去呢?"他说:"爸爸啊,我离开家里时向祖宗磕了头,你不是说最好学军事吗?我就听进去了。街上的西点面包很好吃，我就想到读西点军校。但是好受罪啊！"没有办法，他也是自立的啊！是靠自己努力出来的。

（选自《列子臆说》《老子他说》《漫谈中国文化》《孟子与万章》《廿一世纪初的前言后语》）

忘记一切外界影响,就可以顶天立地

颜渊问孔子:"我曾经渡一个水流很急的深渊,下面有深潭,很危险。津人是渡船的人,驾船技术高明。我向渡船的请教:'在这个大风浪那么危险的地方,你怎么把船驾得那么好啊?可不可以学呢?'

"渡船的说当然可以学,天下事没有哪一件不能学的。游泳技术高明的人,熟识水的性能,就会驾船。会潜水的人,虽然没看过船,也会驾船。"他只讲这个原理给颜渊听,颜渊再问他怎样驾船,他也不答复了。于是颜渊回来问孔子:"这是什么道理?"

孔子答复说:"我跟你两个人书读多了,玩弄文字,道理说得太多了,做到的少,'而固且道与',自己还认为学识好、有思想。游泳惯了的人,把水看得很轻易,不在乎,随便就跳下去了,因此可以去当海军,学驾船。比会游还高明的人,对于水性的认识就更高明,因为虽然下水了,却不觉得是在水中,就像鱼在水里生活,却忘记了水是一样的。有人下水就会沉下去,像蛙人一样,这种人不需要船,也没有看过船,因为他没有害怕,忘记了一切,平常练习多,操练得有数了。这种人水性高到'彼视渊若陵',他看到深渊,不但心里没有恐惧,还会放松、自然地跟着水转,他看深渊等于看山坡一样。为什么新店碧潭经常有人沉下去上不来呢?因为这个海岛水下面的地不平,一深一浅,水一流过就旋转起来,形成深潭,一般人沉下去就慌了,如果不慌,顺着水一转一转就转出来了。旱鸭子不会游泳,看到船翻了,吓死了,没有掉下水已经没有命了。但是善游的人练习有数,船翻了无所谓,没有害怕,等于我们在陆地下车一样。

"'覆却万方陈乎前而不得入其舍'这句话是用比喻来解释,我们在世界上做人,其实也像坐在船上一样,随时会失败翻船,掉下水去。所以人的修养要达到一定程度,虽然面对翻车、翻船,乃至山崩地裂,心里却没有害怕。舍就是内心,外面的危险进不到心里,没有动过念头,也不害怕。'恶往而不暇',随便你到哪里去都是优哉游哉,不会有危险,下水也一样。"

实际上,这个故事是说人生的境界,我们人生的危险,比在海上坐船还严重。

孔子很高明,大徒弟颜回问他操舟驾船、游泳的原理,孔子当然懂,不是只讲理论,他都会。人家问他:"天下的学问，你为何都知道？"他讲过一句话："吾少也贱，故多能鄙事。"这是客气的话，所以他到底是一个哲学家、教育家，很谦虚，不像其他宗教人士。孔子十二岁成孤儿，要管一家人的生活，人生各种经验他都经历过，放牛、牧马、放羊、收账、收税都干过。"鄙事"是最低贱的事，其实是最高的学问。

所以人生啊，能够多做鄙事是一种好的磨炼。如今的青年一代太享受了，理想很高，万事不会，米、面怎么来的也几乎不知道，这是很危险的事，人生要多历练才行。

"以瓦抠者巧"。抠，汉唐时期叫射覆，就是猜谜。用一个碗盖住东西，类似现在的掷骰子。瓦抠，像小孩子办家家酒，赌输赢，拿瓦片、泥巴来赌，玩输了，给你几个瓦片，或者打手心，赌着玩的，这就是巧。"以钩抠者惮"，进一步是钩，汉朝用的钩，等于现在的挂钩子，银子做的，拿价值高一点的来赌，输赢影响较大，所以心中不安，输了就不得了。"以黄金抠者殙"，拿黄金来赌就更害怕了，输了通通没有了。虽然是三种赌法，但是"巧一也"，赌钱的巧妙是一样的。心里头害怕，就是怕自己赌钱的本事没有，看对方押的宝太重，赔起来不得了，那个情况影响了心理，所以害怕。

因此孔子下了一个结论："凡外重者内拙。"对外界环境太重视，心里就虚。人处理事务也一样，太重视环境，自己就受影响。比如，有个人来到我们这里，看见全堂坐满了，被这个场面吓住了;有些人不在乎这个场面,哪里都可以坐,很自然。被外界环境影响的人成不了大事,成不了大器。常有国外的青年同学夜里打长途电话给我,问婚姻的事,考虑东考虑西。我电话里骂他一顿:"你这个孩子,平常跟我那么久,人生就是赌,婚姻也是赌,赢输谁有把握!"

所以孔子也讲到,谁有把握啊!把握就是"巧一也",巧是智慧,智慧是同样的。你赌泥巴的时候很轻松,没有负担,智慧就高;心里一有负担,智慧就低。心理负担是怎么来的?受外界影响来的。你忘记了一切外界的影响,就是大丈夫,就可以顶天立地了。

(选自《列子臆说》)

人有三师

师先贤

　　我常劝青年多读古书，不要以为自己学问够了，所谓活到老，学到老，学问经验永远不会够的。古人著书立说，累积了多年成功与失败的经验，穷毕生精力，到晚年出书，流传下来，我们如果不读古书，那才真是愚蠢，有便宜不知道捡。读古书——历史的经验，是汲取古人付出辛酸血泪的数千年经验，供自己运用，所以何必自己去碰钉子，流血流汗，含辛茹苦地再悟出同样的经验呢？或者说，只是读他的书，而又看不见他的人，可以和他交上朋友吗？当然可以呀！我们从古书中就能看到他的时代背景。例如，读唐诗，就知道唐代为何成其为唐代，其淳厚、朴素、气魄，那是伟大，的确了不起。

　　试看历代人物，其气度、政治主张，一看便知，一代有一代的风貌。过去历代都有不同，也是循历史的痕迹，渐渐变易而来的,所以从历史渐变的轨迹中,也就可以看到未来发展的方向,这就是"尚论古之人",与古人交朋友的道理。

清代中兴名臣左宗棠,在未得志前,连吃饭都成问题,但他的书房里挂着一副对联:"读书万卷,神交古人。"这种胸襟,这种抱负,是年轻人应该效法的。

师造化

"人法地,地法天,天法道,道法自然。"这是老子千古不易的密语,为老子思想的精华所在,懂了这番话的道理,也就差不多掌握了修道、行道的关键。

人如何效法的呢?人要跟大地学习很难。且看大地驮载万物,替我们承担了一切:我们生命的成长,全赖大地来维持。吃的是大地长的,穿的是大地生的,所有一切日用所需,无一不得之于大地。可是,我们回报它的是什么?只不过是死后一把又脏又臭的腐烂掉的血肉和败坏了的朽骨头罢了。

人活着时,不管三七二十一,将所有不要的东西,大便、小便、口水等乱七八糟地丢给大地,而大地竟无怨言,不但生生不息地滋长着万物,还承载着万物的罪过。人生在世,我们不应当效法大地这种大公无私、无所不包的伟大精神吗?

其实中国传统文化，一直非常强调此精神。《易经》的"坤卦"，形容大地的伟大为"直"、为"方"、为"大"，指出大地永远顺道而行、直道而行，包容一切，不改其德。

再者，我们效法大地，除了上述的道理，还要了解大地自久远以来运动不止的意义。地球永远在转动。地球一天不转动，甚至只稍一分一秒停止，我们人类和其他大地上的生命，都要完结。

我们人欲效法大地，就应该如《易经》卦辞所言："天行健，君子以自强不息。""行健"，是天地的运行转动，永远是健在地前进，所以人要效法它勇往直前的精神，一分一秒都不能偷懒，时时刻刻都在向前开创，永远生机蓬勃，永远灵明活泼，这才合乎大地所具有的"德行"。

师自心

人生下来，在整个生命过程中，都会有解决不了的问题。大的就整个人类文化而言，无论东方或西方，几千年来始终无法解开"人从哪里来"，以及"宇宙如何开始"之谜；现在的太空科学如此发达，其目的就是探求宇宙的起源。小的就每一个人而言，人生有许多不如意的事情，人生下来就是一个有问题的东西，生命本身的问题就很大。当人碰到问题时,到最后都有一个共同的心理,如韩愈所讲"人穷极则呼天,痛极则呼父母"。人在走投无路、无可奈何之际,总要找个依赖;人类的依赖性是天生的,这也是人性脆弱的一面,由此自然而然地想寻找一个可以依靠的神,这就是宗教的来源。

所谓宗教,在于使人的思想、情绪有所依赖,有所寄托,而且这个宗教可以掌握你的思想和情绪。再进一步来探究宗教的哲学,就要问这个我所信赖、依托的对象,究竟存在不存在?这是大问题。一般的宗教都把这个所信赖、依托者人格化以及神格化、超人化,因为人的力量不够,所以信赖一个超越人的神。于是,人放弃了自我、丧失了自我。那么,如果神存在,这个神又从哪里来的呢?探究这个问题同样是宗教哲学的课题。那我们又要问:我为什么要信他?我所信赖的对或不对呢?万一不对,那又怎么办?这些都值得研究。研究到最后,一切问题都清楚了,见到了生命的本来,见到了宇宙的本来,这叫作"佛"或译为"佛陀",佛陀是觉悟的意思,就是把宇宙、人生等一切问题都弄清楚了。

几千年前,这位把一切问题都彻底解决的人,叫释迦牟尼佛。

他得到了一个结论:"人即是佛","心、佛、众生三无差别"。他在菩提树下夜睹明星而悟道,说:"奇哉!一切众生皆具如来智慧德相,只因妄想执着,不能证得。"奇怪啊!

真奇怪！每一个人都是佛，不只是人，每一个有知觉的生命，都具备了和佛一样的智慧功能，那么，一般众生为什么不是佛呢？只因自己的思想把自己障碍住了，把自己虚妄不实的思想当成真的，紧抓着不放，所以不能证到佛的境界。佛悟道所讲的话，我们简单地说就是：哎呀！修行搞了半天，原来我就是道。

释迦牟尼佛后来讲的佛法是什么呢？一切唯心。都是自己，没有上帝，没有阎王，没有天堂，没有地狱；如果说有的话，天堂、地狱、上帝、阎王，一切也都是你变出来的。这是一个问题了。世界上究竟是有他力，还是自力？究竟是唯心还是唯物？佛告诉我们是彻底唯心的。不管唯物、唯心，都是心的本体来的，谁都做不了谁的主，没有个主宰，生命就是这样来的。

（选自《孟子与万章》《老子他说》《圆觉经略说》《禅与生命的认知初讲》）

如何面对穷困

贫而不愁

中国文学里，对于人生常有"贫病交加"的悲叹。比如前面说的是一个人的病，后面便要说到一个人的贫。世界上贫病交加的人太多了，这是我们应该用心致力的地方。所谓行仁道，就是要从社会整体的环境来均富。拿现在的政治术语来说，就是要达到全民的富强康乐。

有一个朋友，过去地位很高，部长级的，现在有七八十岁了。前两个月碰面，看他气色很好，相逢便问年，他很风趣地说："我是望八之年。"他来个谐音答话，自我幽默一番。这位朋友现在蛮穷的，他常说人世上的两个字，自己只准有一个字，绝不许同时拥有两个字。什么字呢？"穷愁"两个字。凡"穷"一定会"愁"，穷加上愁就构成穷愁潦倒。他虽然已到望八之年，因为只许自己穷，绝不再许自己愁，所以能"乐天知命而不忧"。他真的做到了，遇见知己朋友,仍然谈笑风生。

另外一个人还告诉我他的故事：某老还如当年一般风趣。他虽然穷，家里却有一个跟了他几十年的老用人，不拿薪水地侍候他。有一天，他写了一张字条，叫老用人送到一个朋友那里，这个朋友知道他的情况，又是几十年的老交情，他在字条上要钱，他当然照给。这一天，他拿了一千块钱，到一家饭馆，配了几样最喜欢的菜；身上的香烟不大好，又吩咐拿来一听最喜欢抽的英国加立克牌的高级香烟。一个人慢慢享受，享受完了，口袋里掏出那一千元，全部给了茶房。茶房说要不了这许多，要找钱给他，他说不必回找了，多余的给小费。其实连那听外国香烟在内，他所费一共也不过三四百元。茶房说小费太多了，他仍说算了不必找了。他以前本来手面就这么大，赏下人的小费特别多，现在虽穷，还是当年的派头。习惯了，自己忘了有没有钱。所以朋友们当面说他仍不减当年的风趣，他听了笑笑说，我就要做到这一点，两个字只能有一个。穷归穷，绝不愁，如果又穷又愁，这就划不来，变成穷愁潦倒就冤得很。社会上贫病交加的人很多，要想心理上不再添愁，这个修养就相当高了。

贫而无怨

孔子说："贫而无怨难，富而无骄易。"

"贫而无怨"的"贫"并不一定是经济环境的穷；不得志也是贫；没有知识的人看到有知识的人，就觉得有知识的人富有，才也是财产，有很多人是知识的贫穷。庄子就曾经提到，眼睛看不见的瞎子，耳朵听不见的聋子，只是外在生理的；知识上的瞎子，知识上的聋子，就不可救药。所以贫并不一定指没有钱，各种贫乏都包括在内。人贫了就会有怨，所谓怨天尤人，就牢骚多，人穷气大，所以教人做到安贫乐道，是中国文化中一个知识分子的基本大原则。但是真正的贫而能安，太不容易。

　　现在有人拿"安贫乐道、知足常乐"来批评中国文化，说中国不进步，就是受了这种思想的影响。这种批评不一定对。安贫乐道与知足常乐是个人的修养，而且也少有人真正修养到。我们当然更不能说中国这个民族，因为这两项修养就不图进取。事实上没这个意思，中国文化里还有"天行健，君子以自强不息"等鼓舞人向上的名言，我们不可只抓住一点，就犯以偏概全的错误。安贫乐道、知足常乐，只是对自己做人做事的一个尺码、一个考验罢了。

安贫乐道

　　子曰："不仁者，不可以久处约，不可以长处乐；仁者安仁，知者利仁。"

孔子说假使没有达到仁的境界，不仁的人，不可以久处约，约不是订一个契约，约的意思和俭一样。就是说，没有达到仁的境界的人，不能长处在简朴的环境中。所以人的学问修养，到了仁的境界，才能像孔子最得意的学生颜回一样，一箪食，一瓢饮，可以不改其乐，不失其节。

换句话说，不能安处于困境，也不能长处于乐境。没有真正修养的人，不但失意忘形，得意也会忘形。到了功名富贵快乐的时候忘形了，这就是没有仁，没有中心思想。假如到了贫穷困苦的环境中就忘了形，也是没有真正达到仁的境界。安贫乐道与富贵不淫都是很不容易的事，所以说："知者利仁。"如真有智慧，修养到达仁的境界，无论处于贫富之际，得意失意之间，就都会乐天知命，安之若素的。

穷不失义

孟子说了两个要点："穷不失义，达不离道。"一个真正有学养的人，尽管一辈子不得意，但不离开自己的人生本位，义理所当为则为，就是所谓的"穷不失义"。

宋朝了不起的名儒范仲淹，在他的《岳阳楼记》中说："先天下之忧而忧，后天下之乐而乐。"这是脍炙人口的名句，流传万古。范仲淹出将入相,而且宋代儒家的理学,可以说都是由他一手振兴起来的,许多大儒,也是由他培养成就的。

他当年在西北镇守边疆,张载(横渠)年轻时去西北投军。范仲淹看见他一表人才,相貌堂堂,对他说:你前来投军,报效国家,这是对的;在我,有你这样的青年来投效,我当然欢迎,不过报国的途径有很多,你有更好的前途,可以去努力,何必应募来当兵呢?张横渠还是一腔热血,慷慨激昂,说了一番道理。范仲淹说:年轻人先沉住气,我送你一点路费、一本《中庸》,回去把这本书读好以后,再来找我吧。张横渠听了他的话,就回去读书,后来果然成为一代大儒。

除张载外,当时由范仲淹培养出来的人才不少,如宋代名相寇准、文彦博等,都与他的栽培密切关联。又如宋初山东的名儒孙复,也是范仲淹无意中推崇出来的。

范仲淹仕途初期是任知府。当时孙复非常穷困,带了一封介绍信去见他。范仲淹见他是一个有品德的读书人,问他有什么事需要帮忙,孙复说生活困难,范仲淹即送他一年的生活费用和回家的旅费。

举才、育才这类事范仲淹做过很多,做过了也不会计较于心。第二年孙复又去找他,范仲淹想起他来过,觉得这个人怎么老远地来打秋风,就对他说:"你怎么不在家好好读书?"他说生活没办法,而且还欠了债。范仲淹说:"你这么遥远地跑来跑去也不是办法,这样好了,我写封信给你家乡的县长,请他帮你,我也负担一部分。"这样才彻底解决他的问题。

不到十年,全国传闻泰山下有一个姓孙的学者,学问、道德非常之好。范仲淹听到这个传闻,就找他来见面,发现原来是自己帮过的那个读书人。后来范仲淹在笔记中感叹地写道:人最怕的是穷,当处身于极度穷困之中时,如果没有人伸手扶一下,就要过不去了;如果有人在此时,纵然是无意中伸出援手扶他一把,让他渡过难关,他就可能成为英雄、豪杰乃至圣贤。他说,平心而论,对孙复的帮忙,只是无意间的事,不像是对张横渠有心培养,却培养了这样一个大儒,所以心里非常高兴。

其实,范仲淹自己就是孤儿出身,幼年时父亲去世,母亲被贫穷所逼,只好带了他改嫁朱家。他也改姓朱,单名叫说。当然,这种日子不好过,他在稍稍长大后,就拜别母亲和朱家,住到庙里读书。每天煮稀饭后再让稀饭结冻,划成三块,当作一日的三餐之食,勉强解饥。考中功名以后,才复姓归宗,最后出将入相。因为他知道民间的疾苦,生活的艰难,所以我们现代的助学制度,他在那个时候已经创办了。他当了大官以后,用赚的钱买了许多田地,田地的收入所得,他完全不要，都用来兴办义学，帮助清寒子弟读书；并在每个县里兴办义仓，积存余粮，遇到荒年，便开仓放赈。这些社会福利的善举，都是他创导的。

　　他为官一生，从来不摆官架子，奉养母亲终寝。他的四个儿子纯佑、纯仁、纯礼、纯粹和侄子纯诚，后来都做了大官，都是名臣，对国家有相当的贡献。他在边陲带兵的时候，叫他的次子回家收租，一次收了四大船的租谷。在回程的路上，次子遇到范仲淹的朋友石曼卿（延年），上前问候，石曼卿流泪告诉他，母亲死了，连棺材都没有钱买，范纯仁即将收来的租谷全部赠送给了石曼卿。范仲淹正在书房读书，见儿子空手而回，就问路上发生了什么事，范纯仁将经过说明，范仲淹听了，非常高兴，对儿子大为嘉许。

　　我们看范仲淹的一生，就是"穷不失义，达不离道"这两句话的最好证明。

　　　　　　　　　　（选自《论语别裁》《孟子与尽心篇》）

人生三道坎

孔子曰:"君子有三戒。少之时,血气未定,戒之在色;及其壮也,血气方刚,戒之在斗;及其老也,血气既衰,戒之在得。"

这些都是我们大家所熟习的。孔子将人生分三个阶段,对人慎戒的名言。我们加上年龄、经验、心理、生理的体验,就愈知这三句话意义之深刻。

少年戒之在色,就是性的问题,男女之间如果过分地贪欲,很多人只到三四十岁,身体就毁坏了。许多中年、老年人的病,就是少年时的性行为没有"戒之在色",而种下的病因。

中国人对性这方面的学问研究得很周密,这是在医学方面而言,但很可怜,在道德上对这方面却遮挡得太厉害,反而使这门学问不能发展,以致国民健康受到妨碍。据我所了解,过去中小学里几乎没有一个青少年不犯手淫的,当父母的要当心!当年德国在纳粹时代,青少年都穿短裤,晚上睡觉的时候将手绑起来放在被子外面,这是讲究卫生学,为了日耳曼民族的优越。这样的做法,虽然过分了,但在教育方面却大有益处。

现在年青一代的思想:女孩子愿意嫁给有钱的老年人,丈夫死了,男人有钱再嫁又何妨;男孩子受某些外国电影的影响,喜欢爱恋中年妇女。这是一般的风气,也是一个严重的问题。由此发现我们的教育问题很多。至于外国,如美国的男女青年,很多人不愿意结婚,怕结婚以后负责任,只是玩玩而已,以致社会一片混乱。这是人类文化的一个大问题,所以孔子说:"血气未定,戒之在色。"这句话真的要发挥起来,问题很多,尤其关于性心理的教育,要特别注意。

壮年戒之在斗,这个"斗"的问题也很大,不只是打架而已,一切闹意气的竞争都是斗。这里说戒之在斗,就是事业的竞争,处处想打击人家,让自己能站起来,这种心理是很多中年人的毛病。

老年人戒之在得,这个问题蛮严重的,不到这个年龄不知道。譬如一个人的个性相当慷慨,他自己就要常常警惕,不要老了反而不能做到。曾经看到许多人年轻时仗义疏财,到了老年一毛钱都舍不得花,事业更舍不得放手。早年慷慨好义,到晚年一变,对钱看得像天一样大。不只钱这一点要"戒之在得",别的方面也一样要"戒之在得"。

有一本小说《官场现形记》，其中描写一个做官的人做上了瘾，临死时躺在家里的床上，已经进入了弥留状态，这时他的心里只有一个意念：还在做官，还要过官瘾。于是两个副官站在房门口，拿出旧名片来，一个副官念道："某某大员驾到！"另一个副官念道："老爷欠安，挡驾！"他听了过瘾。以前觉得这部小说写得太挖苦人，等到年龄大了，才知道写得并不挖苦，这一类人的确有许多。

有人在做事情的时候生龙活虎，退休下来以后，在家就闲得发愁、发烦。此外还有一个人，听人说某一著名大建筑是他盖的，已经很有钱了，一位将军问他，既然这样富有，年纪又这样大了，还拼命去赚钱干什么？这位老先生答说，正因为年纪大了才拼命赚钱，如再不去赚钱，没有多少机会了。这又是什么人生哲学呢？有个朋友说某老先生也很有钱，专门存美钞，每天临睡前，一定要打开保险箱，拿出美钞来数一遍，才睡得着。

看这类故事，越发觉得"戒得"的修养太重要了，岂只是为名为利而已？人生能把这些道理看得开，自己能够体会得到，就蛮舒服，否则到了晚景，自己精神没有安排，是很痛苦的，所以孔子这个人生三戒很值得警惕。

人的心理很奇妙。一个资本家不敢把财富交给后代，权位也是这样。我经常跟几位在位的老朋友讲:"你们要注意呀!权位就是魔鬼,没有到手以前,这个人很好,一旦到手了以后,便会着魔的。"有一位朋友听了以后,一拍桌子就跳了起来说:"你这话真对,一点也不错!"他引经据典地指出,有些人权位没有到手以前,还蛮好,还很可爱,一到手便像着魔了一样,六亲不认了。这种地方大家要多做检省和修养。

此外,权位很难交下来的另一个原因,就是有权位的人,尤其年龄大了的时候,总认为年轻人的经验不够、能力不够、思想不成熟,所以不敢放手、不敢把权位交下来。但是不敢交下来的后果也是很惨的,造成了历史上多少悲剧。

清朝有一位名士叫郑板桥,也是一位才子、一位高人,他有两句诗写得很好:"由来百代名天子,不肯将身作上皇。"——自古以来高明的皇帝,宁可死在位子上。历史上有些皇帝不肯把权位交出来,死了以后,尸体臭了,蛆虫乱爬,尸腐水流,抬不出去的也很多。因为儿子们在争权夺位,常常把皇帝的尸体任由蛆虫啃食,可见权位抢夺的可怕。

不但皇帝如此,当董事长、大老板的也是一样。在台湾,有一位华侨很有钱,年纪也大了,一个朋友跟他说:"先生,你的年纪那么大了,钱也那么多了,应该休息休息了,还那么辛苦做什么?"他说:"就是因为我年纪大了,所以更要努力赚钱，不然我死了便不能再赚了。"我那朋友只有苦笑。这也算是一种哲学。但他死后也是落得老婆儿子争财产、打官司，老人的后事无人管。

"戒得"是个很高境界，很难做到，但若做到了，人生便得大解脱。

（选自《论语别裁》《易经系传别讲》）

诚恳就是大智慧

做人的道理，是守本分，现在的年轻人大多不会深入去体会这个。

什么是本分？

做领袖的，做父亲的，做干部的，做儿子的，上下长幼、贵贱亲疏之间，都要守本分，恰到好处。譬如贫穷，穿衣服就穿得朴素，不可摆阔；有钱的人也不必装穷，所以仁爱要得分，施舍要得分，仗义疏财也要得分，智慧的行为也要得分，讲话也要得分，信也要得分。总而言之，做人做事，要晓得自己的本分，要晓得适可而止，这才算成熟了，否则就是幼稚。

我再引用一句清朝才子郑板桥（郑燮）的名言，叫作"难得糊涂"。他是江苏人，出身贫寒，靠自己站起来的，没有考取功名以前，靠卖画、教书过活。那个时候教书待遇很低，我们过去家里请来的老师也是那样，不像现在做老师有很好的待遇。所以古人讲"命薄不如趁早死，家贫无奈做先生"，家里太穷了才出来教书讨生活。

郑板桥后来考取功名，做山东潍坊的县令，潍坊是很有名的文化地区。我看过他给家里写的信，对我影响很深，这个就是教育。他叫家里的子弟们不要一心想着多读书求功名，读书读出来，有学问，有功名，又做官，这不一定有什么好处。他是个才子，琴棋诗画无所不能，所以他说："我们郑家的风水都给我占光了。以后的子弟们要像我这般样样都会，是做不到的啊！你们只要规规矩矩，学个谋生的技术，长大了有口饭吃，平安过一辈子，就是幸福。"所以他写了"难得糊涂"四个大字。

怎么叫难得糊涂呢？笨一点没有关系啊，但是做人要守规矩。他对自己写的"难得糊涂"四个字有注解，他说"聪明难，糊涂亦难，由聪明而转入糊涂更难。放一着，退一步，当下心安，非图后来福报也"。

老实讲，哪个父母晓得自己的孩子够不够聪明？像我看我的孩子，跟我相比都马马虎虎，不够聪明。我告诉孩子们，不要学我，充其量读书读到我这样多，事情——文的武的都干过，有什么好处啊？没有好处，只有更多的痛苦与烦恼。知识愈多，烦恼愈深；受的教育愈高，痛苦愈大，我只希望你们平安地过一生。

昨天有个孙子打电话找我，我问："你是谁啊？""我是你的孙子啊！""哦，我知道了，什么事啊？""我的孩子要考某个中学,分数差一点点,他们告诉我,请爷爷您写一封信就行了……"我说:"你的孩子是男的还是女的啊?"(众笑)我真的不知道,他说是男的。我说:"你叫我爷爷对不对?你是我的孙子,你难道不知道吗?为自己的子孙写信,向地方管教育的首长讨这个人情的事,我是不做的,你怎么头脑不清楚啊?!""是啦,爷爷!这个道理我懂,可是我被太太逼得没有办法,一定要给你打个电话。"我说:"你告诉你的妻子,随便哪个学校都可以出人才,你看我一辈子都靠自己努力,这事绝不可以做。"

今天我这个孙子又给我打电话:"昨天爷爷的教训,我都跟家里的人讲了,大家都明白,您是对的。"我说:"我知道你心里也不舒服,但你们去反省,读的学校好不好有什么关系?你看世界上的英雄,像毛泽东、蒋介石,哪个是好学校毕业的啊?你说历代的状元,每个大学考取第一名的,有谁做出了大事啊?那些做大事的人,譬如美国的汽车大王、钢铁大王,都不见得是大学毕业的,为什么要这样注重学历啊?"

所以郑板桥说"聪明难,糊涂亦难",真做个笨的人,也不容易,就怕孩子不笨,真笨了倒是真规矩、真老实,不敢做坏事。聪明的人容易做坏事,反而有危险,所以"由聪明而转入糊涂更难"。注意第三句话,很聪明,却要学糊涂,这就更难了,一切听其自然,好好努力,这是郑板桥"难得糊涂"的精要。

几十年前曾经有些同学问,用什么方法、什么手段,毕业后可以在社会上站住?我说只有一个方法:笨。也就是做人诚恳、老实,除了这个以外没有其他方法。这话听起来很古老,但里面有个大道理。人类历史发展到现在,今天的青年,几乎个个聪明绝顶,不但知识方面先进,玩聪明、玩手段、刁钻古怪的主意,比我们当年高明得太多了。但是,玩聪明、玩手段最后没有一个不失败的。真正唯一的手段只有老实、规矩、诚恳;假使你把这个当作手段,那最后的成功是归于你这个老实人的了。这是我几十年人生经历得出的结论。历史上玩聪明的人,像花开一样,一时非常荣耀,光明灿烂,很快便凋萎了,变成了尘埃。

这个世界上人人都在玩聪明,聪明已经没有用了,所以未来的时代,成功的人一定是诚恳的、规矩老实的。当然你也可以说,规矩老实也是一种手段,在理论上可以这么讲,毕竟古今中外的人都喜欢诚恳老实的人。就拿我们自己来比,你交一个朋友,他办法多,有智巧,很聪明,你一定非常喜欢,但是你也非常害怕。所以你最爱的朋友一定是那个老实诚恳的。所以《列子》也说"圣人恃道化而不恃智巧",智巧再高,也只能高到这个程度了。

青年同学们，个个都自认聪明，谁肯承认自己是笨蛋啊？但是这个聪明就是大问题。我常常提到，苏东坡一生受的打击很大，他有一首诗，"人皆养子望聪明，我被聪明误一生"，他后悔自己聪明；下面两句更妙了，"但愿生儿愚且鲁，无灾无难到公卿"，希望笨儿子一辈子平平安安有福气，功名富贵都有。

苏东坡的前两句诗蛮好的，后两句诗他又用聪明了，希望自己的儿子又笨又有福气，不必辛苦就做到大官，一辈子又有钱又有富贵。天下有那么便宜的事吗？他不是又用聪明了吗？这个聪明就不对了。

实际上，苏东坡这个思想啊，就是他的人生哲学。再仔细一想，苏东坡这个愿望，也都是我们世俗的希望，我们个个都想这样，最好钞票源源滚进来，车子送来给我坐，你们盖高楼，分几层给我就好了。每个人都想要这样，都误于聪明。

《孟子》中的文章看起来那么美、那么平实，好像话都告诉你了，可是，他有很多东西都在文字的后面。譬如他说"离娄之明，公输子之巧，不以规矩，不能成方圆"，这就是说，聪明没有用。这句话让我们想到老子说的"大智若愚"。真有大智慧的人，不会暴露自己的聪明；不是故意不暴露，而是最诚恳才是最有大智慧的人。"大智若愚"这个观念，不是同《孟子》的观念一样吗？但是《孟子》同《老子》也有他们反面的意义，读《老子》这本书要注意哦，大智若愚反过来，就是大愚若智。大笨蛋有时候看起来很聪明，他还处处表示自己聪明；越表现自己聪明的人，一定是笨蛋，暴露了自己。所以大智若愚，老子只说了正面，反面那是老子的密宗，不传之密，你要磕了头，拿了供养，他才传给你。

（选自《历史的经验》《列子臆说》《孟子与离娄》

五个人生原则

《易经·系辞传》说:"是故列贵贱者存乎位,齐小大者存乎卦,辨吉凶者存乎辞,忧悔吝者存乎介,震无咎者存乎悔。"

这五点是卜卦时用的,也包括了人生哲学的大原则。

"列贵贱者存乎位",高贵与下贱,用现代语来说,即有无价值。存乎位的问题,"位"以现代语解释就是空间。人生亦如此,到了某一位置就"贵",没有到某一位置就"贱"。所以卜卦时哪一卦是好,哪一卦是坏?是没有一定的。甲卦,就某一事、某一空间、某一时间而言,是了不起的好卦,如果换了一个空间,情形就大不相同了。

我们到庙里去看神像,就有很大的感想,也可以懂得这个道理。一堆泥巴,或一块石头、一根木头,雕成了菩萨像,成了"像",然后在大庙里一摆,人人都去跪拜。它为什么那么贵?"存乎位",在那个位置就贵了。很多事情都是如此,人也是如此。所以研究《易经》,当知卦的本身没有好坏,好坏只是两个因素，时间对、位置对就好。

同算命一样，有的人八字好，贵命，可是一辈子没有遇到好运，不遇时，贵不起来，好像一件东西，的确是好东西，有价值，可是放在那里几十年都卖不出去，又有什么办法呢？有的人学问很好，可是一辈子不出名。反过来说，如大家称颂的胡适之先生，不知道他的学问到底好在哪里？说他哲学史好吗？写了半部还不到，写不下去，碰到佛学问题，只好搁笔。其他如研究《红楼梦》《聊斋志异》、"红学""妖学"，有什么用？可是将来中国文化史上胡适之先生一定有名。看历史尤其如此，历代以来，有多少和诸葛亮一样有学问的人！如果没有像《三国演义》这样的小说，能够出名吗？根本就没有孙悟空这样一个人，可是被小说一写，就如此走运。天下的事，对于名与利，把这个哲理一看通，就觉得没有什么，就淡泊了，非其时也就能居而安之，心安理得。中国人的古语"福至心灵"很有道理。一个人到了某一位置——福气来了，头脑真是灵光，特别聪明。

"齐小大者存乎卦"，齐就是平等。乾、坤、坎、离四个卦是大卦，其余六十卦都是大卦变出来的，那是小卦。卦就是现象，也就是大的现象、小的现象。现象有大小，一个人的成功失败也有大小。有如发财，甲发得多，乙发得少，这有大小，但立脚点是平等的，不管大小卦都是卦，都是一个现象。庄子的书中有《齐物论》，何以名"齐物"？万物不能齐，没有平的。人的智慧、学问、体能都是不平等的。即使有两人体能一样，其中一人生病了，另一人为了平等也生病吗？物是不能齐的，但是庄子提出来有一项是齐的——本体的平等。如太空是平等的，太空中万物的现象是不平等的。所以庄子有一句话很妙，他说"吹万不同"。孔子研究《易经》讲究"玩"，庄子讲究"吹"。吹万即万有。他以风来比方，他说大风吹起来，碰到各种的阻力发出各种不同的声音，意思是说，风吹来是平等地吹，而万象遇到风以后，自己发出的声音不同。

"辨吉凶者存乎辞。"什么是吉凶悔吝？要看文字的记载。换句话说，这文字代表人的思想，吉凶悔吝在于各人的观念、各人的看法。

"忧悔吝者存乎介"，这是说卜到悔吝卦的时候，忧虞到悔吝，就要独立而不移，下定决心，绝对要站得稳，端端正正。人倒霉的时候，自己能站得正，行得正，一切现象都可以改变。

"震无咎者存乎悔"，无咎就是善补过也。人生没有绝对不犯错的，只要知道忏悔，忏悔的结果就是补过。

（选自《易经杂说》）

人生不可无所畏

一个人有所怕才能有所成。

孔子曰:"君子有三畏:畏天命,畏大人,畏圣人之言。小人不知天命而不畏也,狎大人,侮圣人之言。"

这里所谓的畏就是敬,人生无所畏,实在很危险,只有两种人可以无畏,一种是第一等智慧的人,一种是最笨的人。这是哲学问题,和宗教信仰一样。我常劝朋友,有个宗教信仰也不错,不管信哪一教,到晚年可以找一个精神依靠。但是谈宗教信仰,第一等智慧的人有,最笨的人也有,中间的人就很难有宗教的信仰。

人生如果没有可怕的、无所畏惧的就完了。譬如在座的各位,有没有可怕的?一定有,如怕老了怎么办?前途怎么样?没有钱怎么办?没车子坐怎么办?都怕,一天到晚都在怕。人生要找一个所怕的。孔子教我们要找畏惧,没有畏惧不行。

第一个"畏天命",等于宗教信仰,中国古代没有宗教的形态,但有宗教哲学。有一位大学校长说:"一句非常简单的话,越说越使人不懂,就是哲学。"这虽是笑话,也蛮有道理,由此可见哲学之难懂。中国的乡下人往往是大哲学家,很懂得哲学,因为他们相信命。至于命又是什么?他们不知道,反正事好事坏,都认为是命,这就是哲学。天命也是这样,这"畏天命"三个字,包括了一切宗教信仰,信上帝、主宰、佛。一个人有所怕才有所成,一个人到了无所怕,是不会成功的。

第二个"畏大人",这个大人并不一定指官做得大。对父母、长辈、有道德学问的人有所怕,才能有成就。

第三个"畏圣人之言",像我们看四书五经,基督教徒看《圣经》,佛教徒看佛经,这些都是圣人之言,怕违反了圣人的话。

研究历史上的成功人物会发现,他们在心理上一定有个东西,以通俗的哲学来讲,就是有一个信仰的东西,一个主义或一个目的,假使没有这个,那就完了。孔子说,相反地,小人不知天命,所以不怕。"狎大人",玩弄别人,一切都不信任,也不怕圣人的话,结果一无所成。这中间的道理也很多,与历史、政治、哲学都有关系,在古今中外的历史上,凡是有所创造的人,总要找一个帽子戴着。

有一个故事：大小两条蛇要过街，大蛇想大摇大摆地过去，小蛇不敢过去，叫住大蛇说："这样过街你我两个都会被打死。"大蛇问该怎么办，小蛇说："有一个办法可以过去，不但不会被人打死，还有人替我们修龙王庙。"大蛇问什么办法，小蛇说："你仍然昂起头来大摇大摆地过去，但让我站在你头上一起过去。这样一来，我们不但不会被打死，人们看了觉得稀奇，一定认为是龙王出来了，会摆起香案拜我们，还会把我们送到一个地方，盖一座龙王庙来供奉。"结果照这个办法过街，果然当地人看后盖了一座龙王庙。

这个故事分析起来很有道理，所以一个人事业要成功，常在上面顶一个所畏的。所以有朋友去做生意，我劝他随便顶一个"小蛇"去当董事长，也不要当总经理，做一个副总经理就行了。慢慢过街，成功以后，反正有个大龙王庙，自有乘凉的地方，没有成功也可以少一点事。

还有一个故事：古时有一位太子，声望已经很高了，还要去周游列国，培养自己的声望。这时突然来了一个乡下老头儿，腋下夹把破雨伞，言不压众，貌不惊人，自称王者之师，说可以做皇帝的老师，帮助平天下，求见太子。

通报以后太子延见，这老头儿说："听说你要出国，但这样去不行，你要拜我为师，处处要捧我，在各国宴请你的时候，大位要让我坐，你这样才能成功。"太子问他这是什么道理，老头儿说："我以为你很聪明，一提就懂，你还不懂，可见你笨。现在告诉你，你生下来就是太子了，绝对不会坐第二个位置，而你在国际上的声望也已经这样高了，再去访问一番，也不会更增加多少。可是你这次出去不同，带了我这样一个糟老头子，还处处恭维我，大家对你的观感不同了，认为你了不起。第一，你礼贤下士，非常谦虚。第二，这糟老头子的肚里究竟有多大学问，人家搞不清楚，对你就畏惧了。各国对你有了这两种观感，你就成功了。"

这位太子照他说的做，果然成功了。这不只是一个笑话，由此可懂人生。懂了这个窍，历史的钥匙也拿到了，乃至个人成功的道理也就懂了。

有时候把好位子让给别人坐，自己在旁边帮着抬轿，舒服得很。

这就是君子三畏的道理，一定要自己找一个怕的，诚敬地去做，是一种道德。没有可怕的，就去信一个宗教，再没有可怕的，回家去装着怕太太。这真是一个哲学，我发现一个有思想信仰的人，他的成就绝对不同，一个人没有什么能管到自己的时候，就是失败的开始，不然，还是回家拜观音菩萨得好。

（选自《论语别裁》）

不着急，不求满

《老子》中说："安以动之徐生。"

此处的"动"，不是盲从乱动，不是浊世中人随波逐流的动，不是"举世多从忙里错"的乱动。世上许多人钻营忙碌了一辈子，究竟为谁辛苦为谁忙？到头来自己都搞不清楚。真正的动，是明明白白而又充满意义的"动之徐生"，心平气和，生生不息。

这就是老子的秘密法宝吧！老子把做功夫的方法、修养的程序与层次都说了，说在静到极点后，要能起用、起动。动以后，则是生生不息，永远长生。佛家说"无生"，道家标榜"长生"，耶稣基督则用"永生"，但都是形容生命另一重意义的生生不已。只是在老子，他却用了一个"徐生"来表达。

"徐生"的含义，也可说是生生不息的长生妙用，它是慢慢地用。这个观念很重要。像能源一样，慢慢地用，俭省地用，虽说能源充满宇宙，永远存在，若是不加节制，乱用一通，那只是自我糟蹋而已。"动之徐生"，也是我们做人、做事的法则。道家要人做一切事不暴不躁，不"乱"不"浊"，一切要悠然"徐生"，慢慢地来。态度从容，怡然自得，千万不要气急败坏，自乱阵脚。这也是修道的秘诀，不一定只说盘腿打坐才是。做人做事，且慢一拍，就是这个道理。不过，太懒散的人不可以慢，应快两拍，否则本来已是拖拖拉拉要死不活，为了修道，再慢一拍，那就完了，永远赶不上时代，和社会脱了节。

"徐生"是针对一般人而言，尤其这个时代，更为需要。社会上，几乎每个人都是天天分秒必争，忙忙碌碌，事事穷紧张，不知是为了什么，好像疯狂大赛车一样，在拼命、玩命，所以更要"动之徐生"。如果做生意的话，便是"动之徐赚"。慢慢地赚，细水长流，钱永远有你的份；一下赚饱了，成了暴发户，下次没的赚，这个生意就不好玩了。"动之徐生"，所可阐述的意义很多，可以多方面去运用。浅显而言，什么是"动之徐生"的修道功夫？"从容"便是。

生命的原则若是合乎"动之徐生"，那将很好。任何事情、任何行为，能慢一步蛮好的。我们的寿命、欲想保持长久，在年纪大的人来说，就不能过"盈"、过"满"。对那些年老的朋友，我常告诉他们，应该少讲究一点营养，"保此道者不欲盈",凡事做到九分半就已差不多了。该适可而止,非要百分之百,或者过了头,那肯定会适得其反。

比方年轻人谈恋爱,应该懂得恋爱的哲学。凡是最可爱的,就是爱得死去活来爱不到的。且看古今中外那些缠绵悱恻的恋爱小说,描写到感情深切处,可以为他殉情自杀,可以为他痛哭流涕。但是,真在一起了,算算你侬我侬的美满时间,又能有多久?即便是《红楼梦》,也不到几年就完了,比较长一点的《浮生六记》,也难逃先甜后惨的结局。

所以人生最好的境界是"不欲盈"。虽然有那永远追求不到的事,却同李商隐的名诗所说:"此情可待成追忆,只是当时已惘然。"岂非值得永远闭上眼睛,在虚无缥缈的境界中,回味那似有若无之间,该多有余味呢!不然,睁着一双大眼睛,气得死去活来,这两句诗所说的人生情味,就没啥味道了。

中国文化同一根源,儒家道理也一样。《书经》也说:"谦受益,满招损。""谦"字亦可解释为"欠"。万事欠一点,如喝酒一样,欠一杯就蛮好,不醉了,还能惺惺寂寂,脑子清醒。如果再加一杯,那就非丑态毕露,丢人现眼不可——"满招损"。又如一杯茶,八分满就差不多了,再加满十分,一定非溢出来不可。

关于吉事怎样方得长久？有财富如何保持财富？有权力如何保持权力？这就要做到老子所说的"不欲盈"。曾有一位朋友谈到人之求名，他说有名有姓就好了，不要再求了，再求也不过一个名，总共两个字或三个字，没有什么道理。

有一次，从台北坐火车旅行，与我坐在同一个双人座上的旅客，正在看我写的一本书，差不多快到台南站，见他一直看得津津有味。后来我们交谈起来，谈话中他告诉我："这本书是南某人作的。"我说："你认识他吗？"他答："不认识啊，这个人写了很多书，都写得很好。"我说："你既然这样介绍，下了车我也去买一本来看。"我们的谈话到此打住，这蛮好。当时我如果说："我就是南某人。"他一定回答："久仰，久仰。"然后来一番当然的恭维，这一俗套，就没有意思了。

名利如此，权势也如此。即使是家庭父子、兄弟、夫妻之间，也要留一点缺陷，才会有美感。例如，就文艺作品的爱情小说而言，情节中留一点缺陷，如前面所说的《红楼梦》《浮生六记》等，总是美的。又如一件古董，有了一丝裂痕，摆在那里，绝对心痛得很。若是完好无缺的东西摆在那里，那也只是看看而已，绝不心痛。可是人们总觉得心痛才有价值，意味才更深长，你说是吗？

（选自《老子他说》）

享受的原则

不被物质绑架

孔子说:"君子食无求饱,居无求安,敏于事而慎于言,就有道而正焉,可谓好学也已。""士志于道,而耻恶衣恶食者,未足与议也。"

孔子说生活不要太奢侈,"食无求饱",尤其在艰难困苦中,不要有过分的、满足奢侈的要求。与《乡党篇》中孔子自己的生活态度、做人的标准是相通的。"居无求安",住的地方,只要适当,能安贫乐道,不要贪求过分的安逸,贪求过分的享受。这两句话的意义,是不求物质生活的享受,要重视精神生命的升华。

第二句是说,一个人如果志于这个道,而讨厌物质环境艰苦的话,怕自己穿坏衣服,怕自己没有好东西吃,换句话说,立志于修道的人而贪图享受,就没有什么可谈的了。因为他的心志已经被物质的欲望分占了。这个"修道"不是出家当和尚、当神仙的道,而是儒家那个"道",也就是说,以出世离尘的精神做入世救人的事业。

不要到极点

常听人说某人有福,但福为"祸之所伏",看来有福时,可能祸就快要来了。我们中国有句谚语,"人怕出名猪怕肥",猪肥了算是有福,可快要被杀了。人发财以后出了名,大家都知道,同时麻烦也就来了。一个人官大、名大、钱多,只要三者有其一,也就麻烦大,痛苦多了。

所以"塞翁失马,焉知非福"这一思想,就是从道家老子这句话来的。祸害到了极点,福便来了;福到了极点,跟着便是祸了。这两件事是互为因果,循环交替而来的。但是"孰知其极",谁知道什么是祸的极点,什么又是福的极点?人的一生中,万事都要留一步,不要做到极点,享受也不要到极点,到了极点就完了。

例如,今天有好的菜肴,因为好吃,便拼命地吃,吃得饱到十分,甚至饱到十二分;吃过了头一定要吃帮助消化的药,否则明天要看医生。这就是口福好了,享受极了,反而害了肠胃。如果省一点口福,少吃一点,或者肠胃受一点饿,受点委屈,可是身体会更健康,反而有福了。

少妨碍他人

世界上任何一个人，只要活着，一定烦恼了别人，这是必然的。譬如我们大家在这里研究《论语》，蛮轻松的，等会儿回家一看："太太，你怎么搞的？饭没做好！"我们在这里享受，那个烦恼是加在太太身上的。人活在世上，都是把自己的痛苦加在别人身上，然后自己得到一点所谓的"享受"，所谓的"幸福"。

人活在世上是互助的，我们的幸福享受，一定有赖于他人，甚至妨碍了别人。不过，如能常生警觉，想到妨碍了别人时，尽量少妨碍一点，已经是最好的道德了。所以说，绝对无私，绝对无欲，是做不到的。

老子也认为绝对无私是不可能的，做到"清心寡欲""少私寡欲"，已经很了不起了。少私就公了；绝对无私行不通；绝对无欲做不到；少欲就是了不起。所以替自己想时也能替别人想，就是很了不起的公德。譬如当我想到要拿扇子的时候，也问问他："你要不要？"那就更了不起了。

懂得分享

有一天，颜渊和子路站在孔子旁边闲谈，孔子就说："盍各言尔志。"你们年青的一代,把你们的愿望、志向讲出来听听。

子路曰:"愿车马衣轻裘,与朋友共,敝之而无憾。"子路是很有侠气的一个人,胸襟很开阔。他说,我要发大财,家里有几百部小轿车,冬天有好的皮袍、大衣穿,还有其他很多富贵豪华的享受。但不是为我一个人,希望所有认识我的人,没有钱问我要;没饭吃我请客;没房子,我给他住。

唐代诗人杜甫也有两句名诗:"安得广厦千万间,大庇天下寒士俱欢颜。"就是子路这个志愿的翻版。他说修了千万栋宽敞的国民住宅,所有天下的穷读书人都来找我,这是杜甫文人的感叹。而子路的是侠义思想,气魄很大,凡是我的朋友,衣、食、住、行都给予上等的供应。"与朋友共"的道义思想,绝不是个人享受。"敝之而无憾",用完了,拉倒!

(选自《论语别裁》《老子他说》)

第三章
处世的原则

为什么要懂人情世故

《论语·为政》中孔子说:"吾十有五而志于学,三十而立,四十而不惑,五十而知天命,六十而耳顺,七十而从心所欲,不逾矩。"

这是孔子的自我报告。为什么孔子在谈到为政时要作自我报告呢?孔子是七十二岁死的。他用简单几句话报告了自己一生的经历,艰苦奋斗的精神。他的身世很可怜,父亲去世的时候,他还有一个半残废的哥哥和一个姐姐,他要挑起家庭这副担子来,他的责任很重。

他说十五岁的时候立志做学问,经过十五年,根据他丰富的经验,以及人生的磨炼,到了三十岁而"立"。立就是不动,做人、做事、处世的道理不变了,确定了,这个人生非走这个路子不可。但是这时候还有怀疑,还有摇摆的现象,"四十而不惑",到了四十岁,才不怀疑,但这是对形而下的学问人生而言的。还要再加十年,到了五十岁,才"五十而知天命"。天命是哲学的宇宙来源,这是形而上的思想本体范围。

到了"六十而耳顺",这里问题又来了,孔子在六十以前耳朵有什么问题不顺,耳腔发炎吗?这句很难解释,可能在当时漏刻了文字,可能是"六十而"下面有一个句读。如果照旧,"耳顺"的道理就是说,自十五岁开始做人处世、学问修养,到了六十岁,好话、坏话尽管人家去说,自己都听得进去而毫不动心,不生气,你骂我,我也听得进去,心里平静。注意!心里平静不是死气沉沉,是很活泼、很明确是非善恶,对好的人觉得可爱,对坏的人,更觉得要帮助其改成好人,要这样平静,这个学问是很难的。然后再加十年,才"从心所欲"。但下面有一句很重要的话——"不逾矩"。我们上街去看看,这家包子做得好,就拿来吃,"从心所欲"嘛!行吗?要"不逾矩"。人与人之间要有一个范围。"从心所欲"——自由而不能超过这个范围,所以"不逾矩",同时这句话也通于形而上的道理。

讲到这里,我们要研究孔子为什么把几十年所经历的做人、做事、做学问的经验,要放在《为政》篇里。这经验太重要了,本来为政就是需要人生经验的。

世界上有两个东西没有办法实验,那就是政治和军事。这两个东西,包罗万象,变动不居。从历史上看,古今中外的政治,专制、君主、民主、集体,究竟哪个好?谁能下得了这个结论？尤其现代的中国，几十年来，西方的什么思想文化，都搬到中国这个舞台上来玩过，但是西方思想是西方文化来的，结果如何呢？所以为政的人要了解人生，要有经验，要多去体会。因此孔子将自己的经验讲出来，编到《为政》这一篇里，就是暗示一般从政者，本身的修养以及做人、做事的艰难，要效法他这个精神，在工作上去体会它、了解它。

从上面几段，我们得到一个结论：不管是为政或做事，都要靠人生经验的累积。而人生经验累积成什么东西呢？简单的四个字——人情世故。

讲到人情世故，现在往往把这个名词用反了，这是很坏的事。如果说"这家伙太世故了！"便是骂人。尤其外国人批评中国人，几年前在《中央日报》上我就看到这样的文章，说中国人什么都好，就是太重人情了。一般中国年轻人的反应，是认为这个外国人的文章写得非常透彻，我说你们不要认为外国人在中国留学二三年，就能懂中国文化，那你们都是干什么的？几十年的饭是白吃了。中国文化一直在讲人情，所谓"人情"，不是过年过节的时候，提着一只火腿，前街送到后巷，左邻送到右舍，在外面送来送去地转了个把月，说不定又转回来物归原主了。这只是情礼的象征，中国文化所讲的"人情"是指人与人之间的性情。"人情"这两个字，现在解释起来，包括了社会学、政治学、心理学、行为科学等在内，也就是人与人之间融洽相处的感情。

"世故"就是透彻地了解事物，懂得过去、现在、未来。"故"就是事情，"世故"就是世界上这些事情，要懂得人，要懂得事，就叫作人情世故。但现在反用了以后，所谓这家伙太"世故"，就是"滑头"的别名；"人情"则变成拍马屁的代用词了。就这样把中国文化完全搞错了，尤其是外国人写的更不对。

我以前讲过，世界上所有的政治思想归纳起来，最简单扼要的，不外中国的四个字——安居乐业。所有政治的理想、理论，都没超过这四个字的范围；都不外是使人如何能安居，如何能乐业。同时我们在乡下也到处可以看到"风调雨顺，国泰民安"这八个字，而这在现在的一般人看来，是老古董。可是古今中外历史上，如果能够真正达到这八个字的境界，对任何国家、任何民族、任何时代来说，无论什么政治理想都达到了。而这些老古董，就是透彻了人情世故所产生的政治哲学思想。

孔子还曾说："吾少也贱，故多能鄙事。"由此我们回过头来看东西方的文化，人类历史中凡是成大功、立大业、做大事的人，都是从艰苦中站起来的。而自艰苦中站起来的人，才懂得世故人情。所以对一个人的成就来说，有时候年轻多吃一点苦头、多受一点曲折艰难，是件好事。

我经常感觉现在的青年们,大学毕业了,乃至研究生也毕业了,二十多年中,从幼稚园一直到研究所,连一步路都不要走。在这么好的环境中长大,学位是拿到了,但因为太幸福了,人就完蛋了,除了能念些书,又能够做些什么呢?人情世故基本不懂。真正要成大功、立大业、做大事的人,一定要有丰富的人生经验。老实说,我们这老一代比他们都行。为什么?因为我们经历过这一时代的大乱,今日的年轻人看都没有看到过。逃难、饿饭、国破家亡的痛苦,更没有经历过;也许在电影上看过,但那是坐在冷气里的沙发上看的。学问是要体验来的。所以孔子的这句话,要特别注意。

佛家禅宗中记载,唐代的著名禅宗大师赵州和尚,皈依他的弟子很多,当时唐代的一位宗室赵王,王府就在赵州,他也皈依了赵州和尚。有一天,赵王来看赵州和尚,他正在打坐,有人向他报告王爷来了,他闭着眼睛打他的坐,直等这位王爷到了他的面前,他才睁开眼睛说:你来了,请坐!他是以对待弟子的态度接待这位王爷的。但他仍然讲了两句客气话:"自小持斋身已老,见人无力下禅床。"尽他当师父的一分礼貌。赵王当然说:"师父你不要客气了,我们做弟子的应该来拜候你的。"

王爷回去后,第二天派王府的太监送了许多东西来,小和尚在山门外远远看见，赶紧报告师父。赵州和尚听了立即赶出山门外老远去迎接，还请那位送东西来的小太监吃素斋，说不定还送一个红包。小和尚们看到这情形，还误会这位师父太势利了，前天王爷来，没有带礼物，连禅床也不下；今日听见送了许多东西来，对一个小太监竟如此客气。等客人走后，小和尚便问师父："您这样做法是什么道理？"赵州和尚说："你们这些人，真是不懂事，要知道阎王易见，小鬼难缠啊！这些小人，如果不好好接待，回去乱说一顿，可真会破坏我和赵王之间的道义之交啊！"

  赵州和尚，就是如此透彻地了解人情世故！所以佛家说，先要透彻人情世故，方能做一个出家人。当然，懂佛法的出家人，一定懂世法；不通世法的人，也一定不通佛法，这是一定的道理。

  这就是人生处世的分寸和道理。一个人处世，要有一定的分寸，多一分不可，少一分也不可，也就是一般人说的规矩、人格、风范。换言之，做人做事，要有一定的范围标准，同样一件事，在不同的时间、不同的空间，对不同的人物、处理的方式，也是不相同的。

（选自《论语别裁》《孟子与万章》）

不要成为一颗"汤圆"

中国人经常骂人乡原,什么是乡原?"乡"就是乡党,在古代是普通社会的通称。这个"原"字,也与"愿"字通用。原人就是老好人,看起来样样好,像中药里的甘草,每个方子都用得着它。可是对于一件事情,问他有什么意见时,他都说,蛮有道理;又碰到另一方的反对意见,也说不错。反正不着边际,模棱两可,两面讨好。

现在的说法是所谓"汤圆作风"或"太极拳作风",而他本身没有毛病、没有缺点,也很规矩,可是真正要他在是非善恶之间下一个定论时,他却没有定论,表面上又很有道德的样子。这一类人儒家最反对,名之为乡原,就是乡党中的原人。

抗战时期在四川,听到人们叫这类人"水晶猴子"。有事时,想到某人是"汤圆",就说把汤圆找来,事情好办,因为汤圆又圆又软,任人挪拿,对于这种作风,他还自以为很对,做人成功了,绝对不讲人生的大道理。当然,他心里对于是非明白得很,但他的行为,并没有是非观念。闽南人叫作"搓汤圆",上海人叫作"和稀泥"。

孔子说这一类人是"德之贼也",表面上看起来很有道德,但他这种道德是害人的,不明是非,好歹之间不作定论,看起来很有修养,不得罪人,可是却害了别人。总要有一个中心思想,如明是非,如此才是真正的道德。

孟子说,"乡原"这种人,有知识,也受过教育,好像学问、人品也不错,可是没有建立人生观、没有人格,平常却信口批评圣人。这一类人,"言不顾行,行不顾言",说了一些尧舜之道,事实上又做不到,而他们的行为非狂即狷,又不能和他们口中所说的尧舜那样行事。

他们把古人抬出来,说如何如何,自己却不做尧舜,只叫别人当尧舜。嘴里的大话很多,一辈子想救世界,教化人,结果没有人同路,也没有人真信他。这类人认为,一个人活在这个世界上,要顾到现实,自己一辈子活得好就可以了。

孟子说:这一类人,不但向现实低头,而且"阉然媚于世",讨好现实。后世的人叫这种人为"阿世",态度"阉然",不男不女,没有自己的人格与精神,如风吹两边倒的墙头草,没有中心的人品。假如是在现代的会议席上,当争议发生时,他会说双方的意见都好,大家综合一下就好了。他没有对就说对,不对就说不对的气魄。反正他不得罪人,也怕得罪人,如果骂他两句,他会说:你大概有点误会,我们都是好朋友,你骂两句也没有关系。

别人骂他是贼，都反对他，他也不脸红，不难过。"刺之无刺也"，他软瘫瘫的，正如禅宗祖师骂人"皮下无血"，是冷血动物，没有血性，刺他一下，不痛不痒。"同乎流俗，合乎污世"，别人觉得怎样好，他也就怎样好。人说不可以穿长袍，他明天就脱了。"居之似忠信"，表面上看起来好像是忠信——拜托他事情，满口答应，过了好几天却毫无消息，再去问他，他说慢慢来，再想办法。请他写封介绍信，他也满口答应，不管有效无效，反正他做好人，写了算了。"行之似廉洁"，他的行为看起来，似乎也干净，送他一点东西，他说不好意思收，不要，不要，但小的不要，大数目却可以要。

孔子说，一个时代，不论文化、学说、社会、政治，乃至做生意，最讨厌、最可怕的是大概、好像、差不多，等等，简直分辨不出是肯定还是否定，实际上这就是大奸大恶。这种恶佞的人，见风转舵，看起来很像够朋友，做事适当，而往往是助人之恶。能说会道，擅长辩论，一张口说话，歪理千条，一句话可以把一个国家送到灭亡的路上。

中国文化是绝对反对"乡原"的，教育的目的，是建立一个人格；知识只是谋生技能的养成，千万不要变成"乡原"。

（选自《论语别裁》《孟子与尽心篇》）

前面的路,留宽一点给别人走

孟子曰:"言人之不善,当如后患何?""仲尼不为已甚者。"

孟子指出了中国文化力戒的事。"言人之不善,当如后患何?"一个人随便批评别人不对的地方,有没有想到后果?这是告诫我们注意个人的基本修养。我们常常喜欢批评他人的不善,就是背后说人,那是很平常的事;似乎生了一张嘴,背后不说人的短处,就要生锈似的。所以古谚说"谁人背后无人说,哪个人前不说人",两人相遇,必定说到第三人,如不说到第三人,好像是无话可说,这是人类的普遍心理。但是,最坏的是,只说别人不好的一面,绝对不说别人好的一面。所以中国文化的课外读物,如《太上感应篇》等,都主张应该"隐恶扬善",那是自幼至老毕生奉行的修养。当然,如果过分了也容易发生弊端,要做得恰当。

孟子说人家的不善要考虑到这种话的后果,他只说了一个大原则,此之谓圣人之言,这个原则就如《圣经》一样,可以从各方面去看、各方面去解释，都有理，都可以发挥。例如，在背后随便说别人一句话，有时候会影响那个人一生的前途；而说话的人造了莫大的恶业仍不自知。当然未来的报应也是不可思议的，这是后患。

唐代的武则天，当了皇帝，她用的宰相非常好，连她自己也怕那些宰相。私生活方面，有许多人攻讦她，且不去管是非真相如何，只论在公的方面、大的方面，以及政治上，她却有很多好的作为。

她的宰相狄仁杰，就是一个很好的人。另外，还有一个大臣娄师德，被人称为"唾面自干"的人，他的这种修养精神，和耶稣说的"有人打你的右脸，连左脸也转过来由他打"是一样的。

在狄仁杰当宰相的时候，有一天武则天召见他，商谈完政事以后，问道："现在朝廷中，哪一个算得是最好的人才？"狄仁杰说："我一时还想不出来谁堪称最好的人才。"武则天说："娄师德是人才，他最有眼光，能够识人。"

狄仁杰与娄师德曾经同在一个衙门共事，就看不惯娄师德那种唾面自干的作风，所以他对武则天说："娄师德怎么够得上识人？"狄仁杰表示反对之后，武则天说："他怎么还不能识人？你当宰相，就是他推荐的啊！"这一下，狄仁杰的脸色都青了，受了人家的大度包容，自己还不知道。娄师德不但从来没有对他表示过，而且他当了宰相以后，娄师德成了他的部下，看到他还要行礼。现在自己反而说娄师德不识人，真正不识人的，正是他狄仁杰自己。所以在武则天面前，怎么能脸色不发青啊！此外，宋代的王旦与寇准之间，也有类似的故事，于此不赘。

读到武则天与狄仁杰的这段对话，突然想到《孟子》中的这句话，不禁为狄仁杰流一身冷汗，心里有说不出的难过。

因此，我主张今日的青年，欲读古书、谈修养，必须经史合参，四书五经之外还要读史书。如果只读经不读史，就会迂阔得不能再迂；倘使只读史而不读经，那就根本读不懂历史。历史上，这些事迹给了我们太多的经验和教训。

孟子接着谈了孔子的修养，孔子总是留一点路给人家走，凡事不会做绝。

宋朝的吴大有，程颐、程颢兄弟，以及周濂溪等理学家，还有研究《易经》有成就的邵康节。其实邵康节和苏东坡兄弟是好朋友，和程氏兄弟也是好朋友，而且是表兄弟。可是程氏兄弟以及讲理学的迂夫子们与苏东坡之间，相互都感到头痛，不甚融洽。

当邵康节临终快断气的时候，程氏兄弟去探病，此时苏东坡也突然来了，而程氏兄弟却吩咐邵康节的家人不让苏东坡进去。当时程氏兄弟问邵康节有什么遗言，邵康节见程氏兄弟学问修养如此好，而度量还是狭隘，由于邵康节已不能说话了，只举起双手来，而掌心遥遥隔空相对地比了比。可是程氏兄弟还不懂他比手势的意思，问邵康节可不可以说明白一点。邵康节到底是有修养的人，提起元气来，对他们兄弟说："前面的路，留宽一点给别人走。"这就是人生的道理。

　　孟子也是以同样的道理，说了"言人之不善，当如后患何？"后，接着说："仲尼不为已甚者。"孔子待人的做法，总是留给别人一个转圜的余地，绝不把人家逼到墙角转不了身。孔子教人不做绝、不过分，凡事都有所谓"有余不尽"之意。

（选自《孟子与离娄》）

高着眼，少低头

一个人要有高度的智慧，有远见，做人也好，做事也好，人没有远见，人生就已经差一截了。

记得很多年前有个朋友当外交官，要出国去，一定要我写一副字给他。我说几十年没有拿笔，我那字难看到极点，他说反正非写一副不可，结果我就写了两句元代人的诗——"世事正须高着眼，宦情不厌少低头"。

禅宗有一个术语——"见地"，所谓见地，就是说，世界上的事情，在任何一个时代、任何一种环境，有头脑、有智慧的人都不会被现实所困。因为透过现实可以看到未来，透过一点而看到整体。这就是人世间应有的"见地"——"世事正须高着眼"。

这个道理正好说明孟子说的"居下位而不获于上，民不可得而治也"。一个有政治理想的人想为国家、社会做一番事，想为国民谋福利，如果没有远大向上的高见，纵然做一个好官，也只是一个普通的能吏而已，不能算是一个名臣，更不是历史上的国家的一个大臣。

有一天这位外交官请客，有二十多个人，就研究我写给他的第二句话——"宦情不厌少低头"。做官的人究竟应该多向人家低头拍马屁呢，还是说不必太拍马屁？这个"少"字原意究竟是何意？我说我只晓得照抄，至于原意，你问那个元朝作诗的人吧。不过，我也认为这个"少"字太妙了，是双关语，必要的时候你多低一点头也可以，要做文天祥就不必低头了。

其实岂止宦情做官呢？做生意的也可以换一个字——"商情不厌少低头"，该赚的钱就赚，狠起心来你也赚，不该赚的钱就不要赚，就不低头了嘛！教书的人，教情嘛，也不厌少低头，是一样的。

"宦情不厌少低头"，对于正在求学的青年人来说，暂时没有必要；如果将来到社会上做事，尤其是做官，则不妨参考参考。不过，做事、做官太讲骨气的话，甚至桀骜不驯，那就不太好了，有时候需要稍稍低头时，不妨稍稍低头，只要不是做坏事，没有关系，自然可以受益。

（选自《孟子与离娄》）

可以倒霉，但是不能有倒霉相

《列子》中有"狗吠缁衣"的故事，是这么说的："杨朱之弟曰布，衣素衣而出。天雨，解素衣，衣缁衣而反。其狗不知，迎而吠之。杨布怒，将扑之。杨朱曰：'子无扑矣！子亦犹是也。向者使汝狗白而往，黑而来，岂能无怪哉？'"

这个故事也是讲人生处世的哲学。杨朱的兄弟名叫杨布，穿素色的衣服出门了。出去的时候是晴天，结果在外面碰到了下雨。古代的农业社会，泥巴到处都是，素色的衣服容易弄脏，像我们小的时候念书，回来就是一身泥。所以古人有诗句"微雨作轻泥"，微雨会制造轻微的泥巴。这首诗的境界看起来很美，实际的境界却很痛苦。因此，杨布把没有颜色、干干净净的衣服脱掉了，换上缁衣回家。缁衣是染色的衣服，大半是灰色的。

注意啊！出家人穿的衣服统称缁衣。根据印度佛教的规矩，出家人穿坏色衣、各种碎破布剪裁接拢来的衣，所以也叫作衲衣,就是不要漂亮,穿最坏的颜色。到了中国以后,禅宗穿深色衣,在外面念经的穿淡灰色的,叫作月白色。修密宗的穿紫、红、黄、蓝、白、黑,各种颜色都有,反正佛教的规矩,出家人穿的衣通称缁衣。在家居士自称白衣,印度人的规矩是尚白,婆罗门教、上流阶级的人统统穿白的,下等阶级穿黑衣,像小偷穿黑衣,夜里好行动,看不出来。我们的夏朝也重视白,中国历史文化,有时候重视白,有时候重视黑色、红色、黄色,每个朝代都不同。

看过《红楼梦》的都知道迎春、探春、惜春三姊妹,最后的小妹妹出家了。所以在梦游太虚幻境中说的预言,第一句是"勘破三春景不长",都是双关语。这种小说也与禅、与道相关的,因为她三姊妹的名字都有个"春"字,也代表人生的境界青春好景不长。

勘破三春景不长,缁衣顿改昔年妆。
可怜绣户侯门女,独卧青灯古佛旁。

这是在家之人的看法。如果在出家之人看来,那不是"可怜绣户侯门女"了,而是最高的境界,可以去掉"可怜"二字,改成"绣户侯门女,高卧青灯古佛旁"。

杨朱的兄弟回来时碰到下雨,把素衣换成深灰色或者蓝色的衣服回家，结果家里的狗认不得主人了，狗眼看人低。狗看见穿破衣服的叫花子来，它就叫；衣服穿得很整齐的，它不叫了，所以狗是认衣服不认人的。古人经常借这个情形来骂世界上的人，"只重衣冠不重人"，那是当然的。

像我们小的时候老辈人就告诉我们，年轻人出门，像大学毕业后两三年找不到工作，那个倒霉相——皮鞋破了，西装、牛仔裤已经发白了，头发留得长长的，然后履历表到处送，一看到就晓得是个倒霉的青年。

碰到这样倒霉时，怎么办啊？勤理发，理得干干净净的；勤洗衣服，哪怕只有一件，晚上烫得笔挺。早晨出来还神气，把裤带缩紧一点。肚子饿了，问你吃了没有，吃了。那神气十足，工作容易找到的，碰到有些老板就会用你了。

这个狗是相反的，所以看到主人衣服穿得不对，不出来摇尾巴，反而拼命地叫。杨布气极了，我养这狗多少年，现在我回来，看我衣服换了就叫，"将扑之"，要把这个狗打死。他哥哥杨朱就说，你打死它干什么？狗嘛！它是禽兽，不懂事，而且其实你也是一样的，假定你的狗一身白毛出门，结果在煤炭洞里滚了一身黑回来，你不把这个狗干掉才怪啊！你也认不得是你的狗啊！外形变了样子，就引起人家怀疑了。

天下事，天下人，这些事情就很多了。我有很多年纪大了退休的朋友。刚刚退休的人，开始两三个月，在家里整理东西，还没有完，慢慢来。三年以后苦恼了，开会惯了，办公惯了，忽然没有事做，他就活不下去。像爱打坐修道的，每天多给他事情做，他也觉得活不下去。所以人生就是那么怪，你说哪一样对，哪一样不对？这也可以看到，外形的转变会影响人的心理、思想的转变。

所以孟子也说："征于色，发于声，而后喻。"一个人事业的成功，不是那么简单的，观察了外面这个环境，看看各种情形、景象。在个人讲，自己虽受了打击，还要修养很好，没有倒霉脸色。

我常常跟同学讲，一个老前辈曾告诉我，他说，"有力长头发，无力长指甲"，年轻人生命力旺盛，头发容易长；营养不够的时候，指甲容易长。所以那个老前辈告诉我，倒霉的时候，少睡觉、勤理发、勤剪指甲。如果在倒霉的时候，没有事做老睡觉，头发、指甲弄得长长的就更倒霉了。也就是"征于色，发于声"。然后啊，"喻"，懂得了。看了别人的现象，看了外界的环境，反省自己，就懂得了。

所以古代的教育先从洒扫、应对、谈吐、待人接物上训练，"正其衣冠，尊其瞻视。"这个衣冠、仪态很重要，这不是说穿我身上的长袍这个格调，而是穿你们自己的，清洁、整齐第一。出去让人一看，印象很好。一瓶花也一样，总要插好一点嘛！常常看到现代青年人的穿着，好好的衣服穿在身上，东一块，西一块，就像什么印象派的图画一样，莫名其妙。办公地点也一样，桌上乱堆，堆得一塌糊涂，都是懒啊！懒得整理啊！一个公司看看办公室干不干净，已经看出一半了。从小看大，看它没有生气，就没有发展啊！

我看人很多，古今中外成功的人，都有他们自己的一套格调，而且都很严肃，生活上有他们严谨的一面，这点值得大家多多注意。

像我十七岁出门，碰到过几个动乱的大时代，在家时样样都富裕，出门以后，到处闯荡，我的个性啊，向来不求任何人，哪怕是朋友、同学、长官，一封介绍信、一张明信片都不肯用，要自己出去闯，那各式各样的苦头，连带种种的经验都来了。经验多了，我觉得到每个地方，大家都欢迎我，因为知道我是什么人、什么身份。比如今天我去看一个人，一打招呼，谈了几句话，一看脸色不对，讲话不对，马上知道了，就走了，避开了。"入门休问荣枯事，观看容颜便得知。"晓得人家心里不高兴，还在那里死皮赖脸等，那给人家印象更不好了。有时，一到那里遇到吃饭了，主人殷勤招呼："喂！来！来！吃饭。""吃过了，谢谢！谢谢！"出来时实际上肚子里饿得很，口袋里一毛钱都没有，但要挣个面子，总不能给人留下一个坏印象，好像我来吃你的，揩油的。这些是我年轻时在外面的经验，为了达到做人、做事成功的目的，你给别人的印象不能搞坏了啊！

在外面做事那么多年，有时候也借钱啊！求人须求大丈夫。好朋友，问他借钱："有钱没有？我急要钱用。""没有！你去帮我借！"这是好朋友。不是我有困难，等人来追问，可怜我，这个我不干！

总之，做法上要分清楚，取舍之际，像用兵一样，应用之妙，存乎一心，你们好好揣摩吧！

（选自《列子臆说》《南怀瑾讲演录：2004—2006》《中国式的管理的出发》）

如何认清一个人

很多人都欣赏杜月笙,他虽不是读书出身,但有一种温文儒雅、老老实实的神态,看起来弱不禁风,却做了社会的闻人,他有包容三教九流的本事。因此,他有三句名言:第一等人,有本事,没脾气。南方话讲有本事就是能干。没有脾气不是没有个性啊!第二等人,有本事,有脾气。末等人,没有本事,脾气比谁都大。

真的,一等人,有本事、有学问,又能干,所谓没有脾气是说不随便发怒,不为情绪所迁。二等人,就是一般人,古今中外都一样。有本事,一定有个性,有脾气。但是真正的大领袖,没有脾气,所以能容纳一切。末等人,本事是没有,个性强得很,这种人多啦!

所以大家立身处世,要知道,有的人有学问,往往会有脾气,就要对他容忍,用他的长处——学问,不计较他的短处——脾气。他发脾气不是对你有恶意,而是他自己的毛病,本来也就是他的短处,与你何关?

讲到观察人的道理，我们都知道看相算命，尤其现在很流行。这两种事，在中国有几千年历史，在世界各地也一样，如意大利相法、日本相法，等等。由此可见，任何国家、民族都很流行。讲中国人看相的历史，那很早了。在春秋战国时就多得很，一般而言，中国人的看相，自有一套，包括现在市面上流行的麻衣、柳庄、铁关刀，乃至现代意大利、日本人研究出来的手相学、掌纹学，许多新的东西都加上，也逃不出中国相法的范围。

但中国人还有另外一套看相的方法，叫"神相"或"心相"，这就深奥难懂了。"神相"，不是根据"形态"看，而是看"神态"的；还有一种"心相"，是以中国文化的基本立场，绝对唯心（非西方唯心的哲学），所以有几句名言："有心无相，相由心变。有相无心，相随心转。"

一个人思想转变了，形态就转变。譬如我们说一个人快发脾气了，是怎么知道的呢？因为从他相上看出来了，他心里发脾气，神经就紧张，样子就变了。所以，看相是科学。有人说，印堂很窄的人度量一定小，印堂——两个眉尖中间的距离——很宽就是度量大，这是什么道理？有人天生的性格，稍遇不如意事，就皱眉头，慢慢地，印堂的肌肉就紧缩了，这是当然的道理。还有人说露门牙的人往往短命，因为他露牙齿，睡觉的时候嘴巴闭不拢，呼吸时脏的东西进到体内，当然健康要出问题。还有很多这一类的道理，都是这样的。但是古人看相，很多人是知其然，不知其所以然。问他什么原因，他说："是书上说的。"实际上，这些东西是从经验中得来的。

有人说，清代中兴名臣曾国藩有十三套学问，流传下来的只有一套——曾国藩家书，其他的没有了。其实传下来的有两套，另一套是曾国藩看相的学问——《冰鉴》。《冰鉴》所包含的看相的理论，不同于其他的相书。他说，"功名看器宇"，讲器宇，又麻烦了。这又讲到中国哲学了。与文学连起来的,这"器"怎么解释呢？就是东西。"宇"是代表天体。什么叫"器宇"？就是天体构造的形态。勉强可以如此解释。中国的事物，就是这样讨厌，像中国人说："这个人风度不坏。"吹过来的是"风"，衡量多宽多长就是"度"。至于一个人的"风度"是讲不出来的，这是一个抽象的形容词，但是也很科学，譬如大庭广众之下，而其中有一人，很吸引大家的注意，这个人并不一定长得漂亮，表面上也无特别之处，但他使人心里的感觉与其他人就不同，这就叫"风度"。

"功名看器宇"，就是这个人有没有功名，要看他的风度。"事业看精神"，这个当然，一个人精神不好，做一点事就累了，还会有什么事业前途呢？"穷通看指甲"，一个人有没有前途看指甲，指甲又与人的前途有什么关系呢？绝对有关系。根据生理学，指甲是以钙质为主要成分，钙质不够，就是体力差，体力差就没有精神竞争。有些人指甲不像瓦形的而是扁扁的，就知道这种人体质非常弱，多病。"寿夭看脚踵"，命长不长，看他走路时的脚踵。我曾经有一个学生，走路时脚跟不点地，他果然短命。这种人第一是短命，第二是聪明浮躁，所以交代他的事，他做得很快，但不踏实。"如要看条理，只在言语中"，一个人思想如何，就看他说话是否有条理，这种看法是很科学的。

中国这套学问也叫"形名之学"，在魏晋时就流行了。有一部书《人物志》，大家不妨多读读它，会有用处的，是魏代刘劭著的，北魏刘昞所注，是专门谈论人的，换句话说，就是"人"的科学。最近流行的人事管理、职业分类的科学，是从外国来的。而我们的《人物志》却更好，是真正的"人事管理""职业分类"，指出哪些人归哪一类。有些人是事业型的，有些人绝对不是事业型的，不要安排错了，有的人有学问，不一定有才能，有些人有才能不一定有品德，有学问又有才能又有品德的人，是第一流的人，这种人才不多。

孟子也喜欢看相，不过他没有挂牌，他是注意人家的眼神，光明正大的人眼神一定很端正；喜欢向上看的人一定很傲慢；喜欢下看的人会动心思；喜欢斜视的人，至少他的心理上有问题。这是看相当中的眼神,是孟子看相的一科,也可说是看相当中的"眼科"吧!

孔子说:"视其所以,观其所由,察其所安,人焉廋哉?人焉廋哉?"孔子观察人谈原则。"视其所以"——看他的目的是什么。"观其所由"——知道他的来源、动机,以法理的观点来看,就是看他的犯意,刑法上某些案子是要有了犯意才算犯罪。"察其所安",再看看他平常做人是安于什么,能不能安于现实。一个人做学问修养,如果平常无所安顿之处,就大有问题。有些人有工作时,精神很好;没有工作时,就心不能安,可见安其心之难。

孔子以这三点观察人,所以他说"人焉廋哉?人焉廋哉?"这个"廋"是有所逃避的意思。以"视其所以,观其所由,察其所安"这三个要点来观察人,就没什么可逃避的了。看任何一个人为人处世,他的目的何在?他的做法怎样?前者属思想方面,后者属行为方面。另外,再看他平常的涵养,他安于什么?有的安于逸乐,有的安于贫困,有的则安于平淡。

孔子又说:"古者民有三疾,今也或是之亡也。古之狂也肆,今之狂也荡。古之矜也廉,今之矜也忿戾。古之愚也直,今之愚也诈而已矣。"

他说上古时候的人有三点毛病,是社会的病态,也是人类的病态。但到了现在,"或是之亡也","或"为"或者"的意思,"是"为"这个"的意思。这就是说,如今看来也许这三个毛病都变得更坏、更糟糕了。用一幅画来作比喻,古人的画画得这么好,但其中还有三个缺点;不过现在的艺术家,比起古人那些缺点来更差了,还够不上古人认为是缺点的那个水准。也就是说,古人认为是缺点的,比现在认为是优点的还要更好得多。

下面孔子讲了这三个缺点。古代的人狂,这个狂在古代并不一定是坏事,不是现代观念的狂,如果现代对神经病、精神病叫作狂,那就糟了。古代的狂就是不在乎,但是有一个限度的。孔子说,古代的狂不过放肆一点,不大受规范;现在的人糟糕了,狂的人则荡,像乱滚的水一样,兴波作浪。古代的矜,比较自满自傲,但有一个好处,因为自己要骄傲,自己把自己看得很重,于是比较廉洁自守,人格站得很稳;现在骄傲自矜的人,对任何人、任何事都看不惯,有一种愤怒暴戾之气。古代比较笨的老实人,还是很直爽的;现在更糟了,已经没有直爽的老实人,而社会上那些笨人都是假装的笨人,是一种狡诈的伎俩。

这是孔子当时的感叹,事实上我们知道,这三点等于是观察人的六个大原则。我们读到这种地方,要特别注意,这是对于一个人的看法。很多人都讲究看相,这就是相法,不过这个相法不是看五官和掌纹，而是看神态，看他的做人做事，就看出来了。

　　当领导别人，或与人交往的时候，部下、同事狂一点没关系，有时还蛮欣赏其狂，就怕不够狂，有本事不妨狂一点。如果是狂而荡，就问题严重了，狂到不守信诺，乃至把公家的钞票用光了，对什么事情都乱来，就要不得。有才的人多半狂，爱才就是懂得欣赏其狂，不要希望别人和自己一样，自己不喜欢的，不必要求别人也这样做，但是要提防他，不可失诸荡，这个狂就是人才。自我傲慢，有个性就是矜。自矜值得欣赏，一个人没有个性、不傲慢就是没有味道，每个人都有他独立的个性，但要有适当的限度。假使傲慢变成愤戾之气，到处怨恨，没有一个人、一件事使他满意的，即使他单独自处，也会跟自己过不去的，那就过于愤戾，这很不好。愚、老实没有关系，可不要故作老实，伪装老实，所谓貌似忠厚，心存奸诈，那就大成问题了。这狂、矜、愚三条，有相对的六点，外在是观察别人，内在是反观自己修养的准则，都要注意的。

（选自《论语别裁》《中国式的管理的出发》）

朋友之道

友其德

孟子说,交朋友之道,第一要"不挟长",不以自己的长处,去看别人的短处。例如,学艺术的人,见人穿件衣服不好看,就烦了;读书的人,觉得不读书的人没有意思;练武功的人,认为文弱书生没有道理。这都是"挟长",也就是以自己的长处为尺度,去衡量别人,这样就不好。

第二要"不挟贵",自己有地位,或有钱,或有名气,因此看见别人时,总是把人看得低一点,这也不是交友之道。

第三要"不挟兄弟而友",就是说朋友就是朋友,友道有一个限度,对朋友的要求,不可如兄弟一样,换言之,不过分要求。一般人交友,往往忽略这一点,认为朋友应该一如己意,朋友事事帮忙自己,偶有一事不帮忙,便生怨恨。在另一面,对一个朋友不帮忙还好,越帮忙,他越生依赖心,结果帮他忙反而害了他,所以"不挟兄弟而友"。

在相反的一面,"不挟长"就是并不因为对方有长处,想去沾一点光。"不挟贵",也不是因为对方有地位、有钱、有权势才去交这个朋友,企图得什么便宜。例如,民国初期五四运动后,因为胡适之是倡导五四运动的人物之一,因而出名,便有一个文人在文章中写道:"我的朋友胡适之。"其实胡适之并不认识他,直到现在,"我的朋友胡适之"这句话还常被人引用,去讥评趋炎附势、脸上贴金的人。"不挟兄弟"也就是说,只有一面之缘的人,却口口声声说:"他是我的老朋友,我们熟得很。"这叫作交浅言深,也是不好的作风。

"友也者,友其德也。"交朋友是为道义而交,不是为了地位而交,不是为了利用人而交,也不是为了拜把兄弟多,可以打天下,或如江湖上人"开码头""扬名立万"而交。交朋友纯粹是道义之交,不可有挟带的条件。常有年轻人说:"我们同学很多,将来可成为一帮。"这就是挟带了条件,已经不是真正的友道,只是利害的结合。

孟献子是鲁国当年的第一位大权臣,是百乘之家。古代的百乘之家,富比诸侯,权位等于鲁国的副国君。但是他在友道上了不起,他有五位真正的朋友。照理说,这样的家庭,朋友应该有很多,如战国时孟尝君门下有三千客,这都是朋友啊!都靠他、吃他的。而孟子和孟尝君是先后同时代的人,为什么孟子没有说孟尝君在友道上了不起，而只提孟献子有五个朋友？孟子说，孟献子五个朋友是有道德、有学问、不求功名富贵的。君王想和他们交往做朋友，他们也不来，却和孟献子做了朋友，这就可见孟献子之不平凡。孟献子和他们交朋友，只是因为他们有道德、有学问。他们五人本身既无财富，也无权位，也没有把孟献子家的富贵放在眼里。

　　孟子说，孟献子和这五个人做朋友，是忘记了自己的身份，忘记了自己的家世、富贵、权位，纯粹就是好朋友。这五个人看孟献子，也不管他的家世，只认为孟献子这个人够格、够条件做朋友，有味道，所以成为朋友。如果他们心目中有了孟献子家世的观念，也早就不和孟献子做朋友了。

易其心

　　交朋友之道，要"易其心而后语"，要彼此知心。但是知心很难，《昔时贤文》说："相识满天下，知心有几人？"所以古人说："人生得一知己，死而无憾！"我们也可以说，世界上没有一个人能真有一个知己的，尽管我们都有家人、父子。但夫妇为夫妇，不一定是知己；兄弟是兄弟，父母是父母，也不一定是知己。

　　所以知己只有友道，友道就是社会之道，有人把五伦之外加一伦，那是不通的。朋友一伦就是社会，过去家庭一伦也是社会。我们中国文化标榜的知心朋友，从古到今只有一对，就是管仲与鲍叔牙两个人。以后的历史虽不敢说没有，但的确很少。如果大家懂得他们两人全始全终的历史，就可以知道知心不容易了。

孔子说"易其心而后语"，这个"易"就是交易的易，不是容易的易。"易其心"是彼此换了心，就像古人一首非常有感情的词："换我心，为你心，始知相忆深！"孔子的看法，是要能"易其心"，才能讲朋友之道。

定其交

"定其交而后求"，我们在社会上交朋友，人与人之间要"定其交"，要有交情。

记得我们年轻时把朋友分类，一种是一般的朋友，见面之交的都是朋友；一种是政治上的朋友，就是有利害关系的朋友，除了利害关系，政治上没有朋友；另有一种是经济上的朋友，所谓通财之谊，能做到通财之谊就很难了；最难得的是道义之交，那是更难了。我们一生能不能交到一个没有一点利害关系的朋友，都是大问题，包括了政治、经济、普通等一切的朋友在内，能够全始全终的有几个？如果有，那就是可以相交的朋友。朋友的交情能够"定其交",才可对他有所要求。

譬如管鲍之交,管仲开始跟鲍叔牙做生意,结账的时候,鲍叔牙也不问赚了多少,管仲就自己装了起来。人家告诉鲍叔牙,管仲太不够意思,两个人做生意赚了一千万,才给你鲍叔牙一百万!鲍叔牙不但不以为意,还说:"他那是因为穷!他需要钱,我不需要。"这多么难?管仲那个做法是乱来的,拿了就拿了,用了就用了,管仲的心情鲍叔牙了解。

最后管仲要死的时候,齐桓公对他说:"你死了以后,我想把这个宰相交给鲍叔牙来做,如何?"管仲说:"千万不可交给鲍叔牙,他绝不能当宰相。"他就这么爱护鲍叔牙,也只有鲍叔牙懂得,管仲不要他接位,是为了顾全齐桓公,也为了顾全鲍叔牙。这种胸怀多好,多高超,也只有知己才懂。如果像现在的人,你不做国防部部长,应该交给我,却交给别人,那还够朋友吗?当年你当部长还是我建议的,要我当部长你却要反对!不骂你祖宗十八代才怪!所以只有知己才能爱人以德。

过去我们念到"定其交而后求",很滑头地加了一个小批:"有酒有肉皆朋友,患难何曾见一人!"真有患难的时候,何曾有一人来帮助你啊!

成功要靠朋友

中国人讲朋友之道还有两个原则：一、朋友有通财之谊。朋友就是社会，社会上彼此有困难要互相帮助，就是通财之谊。这个在前面已经讲过。二、朋友要劝善规过。我有过错，你能指出来，忠告我。所以孔子谈朋友之道说："益者三友，损者三友。"

什么是益者三友？对你有益的朋友有三种：友直，对你讲实话的人；友谅，能够包容你、包涵你的人；友多闻，学问见识比你广的人。这三种是好朋友。

大家试想，一个人如果没有通财之谊的朋友，没有劝善规过的朋友，也没有群众，那么你的人生便很艰难了。

中国人的朋友之道还包括老师。在中国文化中，往往师友并称，所以说师友同道，古人称弟子为师友之间。人有许多上不可对父母讲的话，下不可对妻子儿女讲的话，只能对朋友讲。这就是朋友之道，也可见友道的重要。

（选自《孟子与万章》《易经系传别讲》）

与人交往最重要的是分寸感

子曰:"晏平仲善与人交,久而敬之。"

孔子说这个人做朋友了不起,历史上有他的专门著作——《晏子春秋》。

晏子是大政治家,可以说是孔子的前辈,年龄虽然差不多,但比孔子出道早。《古文观止》上有一篇,辑自《史记·管晏列传》,提到晏子的车夫有一天回家时,夫人要求离婚。车夫问什么原因,他的夫人说:"我今天在门缝中看到你驾车载晏子经过门口,晏子那么矮,做了宰相,名震诸侯,还是简朴无华,自居人下的样子,而你身高八尺,只是他的仆役,却显得意气扬扬、自足自满的样子。你竟是这样没有出息、不长进的人,所以我要离婚。"

晏子的车夫听了这番话,就马上改过,力学谦卑,第二天驾车就变了。晏子看见他突然一反常态,样子变了,觉得奇怪,问明了原因,晏子就培养他从此读书,后来官拜大夫。从这个故事可知晏子有他了不起的地方,孔子尤其佩服他对于交朋友的态度。他不大容易与人交朋友,如果交了一个朋友,就全始全终。我们都有朋友,但全始全终的很少,所以古人说:"相识满天下,知心能几人?"到处点头都是朋友,但不相干。晏子对朋友能全始全终,"久而敬之",交情越久,他对人越恭敬有礼,别人对他也越敬重;交朋友之道,最重要的就是这四个字——"久而敬之"。

许多朋友之间的关系搞不好,都是因为久而不敬;初交很客气,三杯酒下肚,什么都来了,最后成为冤家。

讲到这里,我想到中国人的夫妇之道——"相敬如宾"。宾是客人,对于客人无论如何带几分客气,如果家人正在吵架,突然来了客人,一定暂行停战,先招待客人,也许脸上的怒意没有完全去掉,但对客人一定客气有礼。夫妇之间,最初谈恋爱时,在西门町电影院门口等了两小时,肚子里冒火,对方来了,还是笑脸迎上去,并且表示再等两小时也没关系。如果结了婚,再这样等两小时,不骂一顿才怪!因为是夫妇了嘛!所以夫妇之间,永远保持谈恋爱时的态度——相敬如宾,感情一定好。不但夫妇之间如此,朋友之间也如此。扩而大之,长官对于部下,部下对于长官,也是这个道理。

这个"敬"的作用是什么?好像公共汽车后面八个字的安全标志:"保持距离,以策安全。"少碰为妙。

普通人交朋友，恰恰与晏子相反，时间久了，好朋友变成冤家，这对五伦中的友道实在有亏。尤其是我们这一代青年，对任何人都不大相信，友道根本上已成了问题。必须亟图匡正，以便维系"久而敬之"的交友原则。

中国人交朋友，讲"君子之交淡如水"。这句话出自《增广昔时贤文》一书，过去这是一本很重要的书，我们十来岁就已经会背了，原文是"君子之交淡如水，小人之交甜如蜜"。好朋友不是酒肉朋友，不是天天来往，平常很平淡。但这并不是说冷漠无情；朋友碰到困难，或生病之类的事，他就来了。平常无所谓，也许眼睛看看就算打招呼了，可是有真热情。

这个道理，诸葛亮的文章里也有提到。诸葛亮除了功业以外，千古名文只有两篇，就是前后《出师表》，另外留下来的有几封家书。诸葛亮的书信都很短，可见他公事很忙，没有时间说很多话，可是意思都很深远。譬如给他儿子讲交友的信中说，君子之交"温不增华，寒不改叶"。"温不增华"，是说春天到了，花已经开了，不要再加一朵花，锦上添花的事不要来。这也就是"上交不谄，下交不渎"的意思。朋友得意时，不去锦上添花，朋友倒霉时，也不要看不起他，跟平常还是一样。朋友之间的感情不能像天气一样冷热变化，要永远常青,四季常青,这才是交朋友之道。

交友之道实在很难,太亲近、太熟识了,自然会变得随便,俗语所谓的熟不知礼,就是这个意思。由于熟不知礼,太过随便,日久便会互生怨怼,反而变得生疏了。所以古人由经验中得来的教训,便很感慨地说"虎生犹可近,人熟不堪亲",也就是这个意思。

此外,有如清人张问陶的诗:"事能容俗犹嫌傲,交为通财渐不亲。"又如俗语说的"仁义不交财,交财不仁义","交为直言亲转疏",等等,也都是从经验中得来的教训。人与人之间,为什么会如此?最基本的原因,是人的心理作用犹如物理一样,挤凑得太紧,就会产生相反的推排力。因此要在彼此之间保持相当的限度和距离,以维系永恒的感情,这便是礼,也就是敬的作用和好处。

所以我们处朋友,如能像晏子那样,彼此相交愈久愈恭敬,交情自然就会长久了。孔门弟子子游也说:"朋友数,斯疏矣。"这也同样是教人在朋友间相处不可以太过于亲密,更不可以有太多的要求。

其实,推而广之,岂但交友之道如此,就如夫妇之间许多的事故,也无非太过亲密,才会发生反作用的。所以古礼教人处夫妇之道,也要相敬如宾。宾,就是客,也就是朋友的意思。一个人如深知此中的利弊,实在会觉得可怕!不过,如能渐渐从学养上做到一个"敬"字，又会觉得有无限的机趣，才真能体会到人生处世，确是最高的艺术。

（选自《论语别裁》《老子他说》《易经系传别讲》
《孔子和他的弟子们》）

柔与谦的哲理

这个宇宙间有一个真理,"有常胜之道,有不常胜之道"。有永远是成功的,有永远是失败的。"常胜之道曰柔",柔是常胜之道,谦虚也就是至柔,做人脾气好也是柔。"常不胜之道曰强",自己好强、好胜,希望永远出人头地,就是不常胜之道。

我们看人生,有很多人个性至强,总想出人头地,凭这个个性、做法就完了。所以常胜之道是柔,自认为一切不如人,一切退一步,最后成功的是自己。

我们中国的上古文化,老祖宗的传统,"故上古之言,强先不己若者"。强就是强,什么叫强?强人、英雄之类的人,总要在不如自己者之前抢先出头。"柔先出于己者",所谓柔,自己觉得很普通,没有超人之处,就是谦虚、不抢先。"先不己若者,至于若己者则殆矣",自觉高明、抢在前头的人,遇到比他强的人就危险了。"先出于己者,亡所殆矣",处处让人在前,知道谦虚,他自己的危险也就不存在了。

"以此胜一身若徒,以此任天下若徒",这是什么道理呢?一个人自己能谦虚、保持柔,一切不强先出人头地。"若徒",徒是空的意思,不是徒弟的意思。"谓不胜而自胜,不任而自任也",他说这样就是能力不够也会制胜,也能担当天下事。

所以我常说,傲慢的人,根本就是自卑,不自卑的人不会傲慢,因为自卑的人晓得自己没有什么,又深怕你看不起我,故而傲慢。自己很充实的人,你看得起我也好,看不起我也好,因为他心里没有你也没有我,他看天下人就是黑压压的一片,他不管这些。所以凡是傲慢的人都是可怜之人,都有自卑感,因为有自卑感,反过来他就傲慢,他不懂人生,就是这个道理。

有些人学问很好,尤其是学佛的人,研究过经律论,也了解佛经,成就了什么呢?成就了一个很严重的错误——"增上慢"。一切众生,不仅仅是人,所有一切生命的贪、嗔、痴、慢、疑都是与生俱来的。贪、嗔、痴,大家都听得很多了。慢,慢是什么呢?慢就是我,我们常听见别人讲口头禅,或听到街上发脾气的人骂一句"格老子",这句"格老子"就是我慢。

世界上没有一个人不觉得自己了不起,即使是一个绝对自卑的人,也会觉得自己了不起。自卑的人都是非常傲慢的,为什么傲慢?因为把自我看得很重要,很在乎自己,但是又比不上人家。自卑与自傲其实是一体两面，同样一个东西。一个人既无自卑感，也不会傲慢，那是非常平实自在的。

《易经》八八六十四卦，没有大吉大利的卦，每一卦都是有好有坏，找不出哪一卦是完全好的。勉强说只有一个卦，就是谦卦，六爻皆吉。万事退一步就叫谦，不傲慢就叫谦，让一步就叫谦，多说一声谢谢、对不起，就叫谦。

谦卦到了九三爻是最好的境界，但是上面有个"劳"字，劳谦。你随时随地自己要劳苦，随时随地自己要小心、要勤劳、要努力，这是谦卦的卦象。内心要谦虚，要小心谨慎，要后退。因为谦卦的错卦是履卦，履就是行动，所以一切行动都要特别小心才行。

孔子说，怎么样才能做到大吉大利呢？"语以其功下人者也"。自己的功盖天下，自己却不以为功；德在人间，一切都在帮助他人，自己不以为自己是在帮助人家，认为这都是应该的。能够做到这样，才能达到"劳谦，君子有终，吉"，大吉大利的境界，这就是圣人境界。

（选自《列子臆说》《药师经的济世观》《易经系传别讲》）

这三种情况，最容易招致怨恨

狐丘丈人谓孙叔敖曰："人有三怨，子知之乎？"孙叔敖曰："何谓也？"对曰："爵高者，人妒之；官大者，主恶之；禄厚者，怨逮之。"孙叔敖曰："吾爵益高，吾志益下；吾官益大，吾心益小；吾禄益厚，吾施益博。以是免于三怨，可乎？"

——《列子·说符》

狐丘是个地名，丈人是指老先生，也许是道家古代高人，所以本身不留名字，但称丈人，以地方为名，叫狐丘丈人。不要看到丈人就以为是指岳父，那就搞错了。我们古代称老前辈、老先生为老丈，古代小说上都有。孙叔敖是楚国的宰相，你们都读过斩两头蛇的孙叔敖，很有名。

狐丘丈人对孙叔敖说："人有三怨，子知之乎？"就是有三种事情可以招致社会上对你怨恨，你懂不懂？这个要注意了，将来大家出去做事，乃至当一个家长、户长，那些兄弟姐妹、太太儿女或者先生都会埋怨的。人只要一管事，所有的人都会埋怨。你在部队里当一个班长，管十个人，这十个人都在埋怨。

"孙叔敖曰：何谓也？"他请教这个有道的高人什么叫三怨，"对曰：'爵高者，人妒之。'"这个大家注意了，这就是人生最高的哲理，一个人地位一高，任何人都忌妒。我也经常告诉大家做人的原则，"女无美恶，入宫见妒"，一个女人不管她漂不漂亮，只要她靠近那个最高的领导人，到了皇帝的旁边，所有的宫女都忌妒她，并不是因为她漂不漂亮，而是因为上面宠爱她嘛！

"士无贤不肖，入朝见嫉"，知识分子不管有没有学问，只要有一天同学中突然有一位当了部长，一下入阁了，其他同学便会一边恭维他，一边心里不服气，"你算什么东西啊！我还不晓得你吃几碗干饭吗！"就会忌妒，这是必然的。古人有诗："一家温饱千家怨，半世功名百世怨。"所以有些知识分子看通了，做学问是为自己，不出来做事了，去做隐士。有些领导就懂这个道理，故意把社会仇恨挑起来，方便自己领导。

大部人只要看到人家房子盖高了，有钱多盖了一些，走在路上都会骂一声。那个房子同你什么相干？一个人做官做了半辈子，做官运气再好，也不过做个二三十年，半世的功名就留给后代怨。因为地位高了，官做了几十年，不晓得哪一件事情做错了，这个因果背得很大，也许害了这个社会，害了别人。

所以古人学问好了，怕出来做事，自己不敢过于信任自己，非常慎重。因为一个错误办法施行下去，可能会危害社会久远，且受害的人会有很多。所以狐丘丈人告诉孙叔敖，人生有三怨，第一怨是爵位高的人会遭人忌妒。

第二怨，"官大者，主恶之"。古代帝王时代，官做大了的人非常小心，地位高，出将入相，所谓功高就震主。只有懂得人生哲学的人，才了解其中的道理。岳飞为什么被杀？"主恶之"，宋高宗讨厌他。譬如写历史名著《资治通鉴》的司马光，是宋朝很有名的名臣。司马光是几朝元老，等到宋神宗一死，他有一度退休回家了。哲宗小皇帝上来继位，皇太后在管事，召司马光再来，因为是老前辈。老百姓听到司马相公来了，自动出去欢迎。他一看，马上吩咐家人立刻回去，他知道这个不行，老百姓都拥护我，皇帝怎么做啊？这些都是历史名人故事，学问之道。

有一天，一位老辈子的朋友来看我，六七十岁，他在国际上开完会刚刚回来，是美国一个非常大的自动化公司的亚洲代表，也是这个大公司里的老资格，亚洲方面非靠他不可，跟我谈了许多国际上的经济情形。然后他发现世界上的大公司，他们最高的上层内部的家族，也会争权夺利。我说你是几朝元老，那你讲话可要留意了。他就说，我很难讲话，很难办。这是"官大者，主恶之"，老板会怀疑你，会害怕你。

第三怨，"禄厚者，怨逮之"。待遇高了，担任了重要主体的事，只要有一点错误，大家都怪是领导错了，不会怪自己。这个很简单嘛，目标高，要打靶的时候，一定往最高处打。所以地位到了最高处，一点都不好玩。不要说地位，像我们年纪大了，稍稍有一点所谓的知名度，走一步路都不好走，都要小心。如果你在地上打个滚啊，明天报纸上都给你登出来，打滚都没有自由。这个人生到此真不好玩。所以他告诉孙叔敖人生有三怨，他是警告这个楚国的名宰相，因为他处于一人之下、万人之上。

孙叔敖答复说，我懂了，谢谢你的教诲。我的爵位越高我越谦虚，自己越觉得没有什么了不起，对别人更尊重。我的官越来越大，我也越来越小心，没有一点傲慢。我的待遇越拿越多，拿来的薪水帮助社会贫穷的人，帮助亲戚朋友也越多。所以他说这三件事情——地位高、待遇高、爵位高，对我都没有关系，我还是我，是个平民老百姓。"以是免于三怨，可乎"，这三种怨都到不了我身上，你认为可以吗？

那当然可以，不要回答了。此所以孙叔敖在历史上成一代名相，不但是名相，也是名臣，同时更是国家的良臣、大臣，那是了不起的人物。

这个故事是历史的经验，也就是人生的经验，不一定只讲做官的哦！财富上也是同样的道理。譬如，很多年轻的财阀，财富很多，但是自己不知道怨他的人也很多，因为有资本嘛！什么生意都要做，别人都做不成了。所以也要留一点饭给人家吃啊！

（选自《列子臆说》）

毁誉如何了断

对于毁誉的处理态度，对于别人批评自己的话，听到时要能做到像不曾听见一样，但并不是糊涂，而是为了情绪不受影响。对于批评的话，是真是假，有理无理，要心里明白。至于恭维的话，差不多都是靠不住的，所以对于毁誉不要轻易受影响，应该自我反省，去了解这些批评或恭维究竟是真是假。至于听到对其他人的批评或赞许，同样要留心，究竟是真的，还是别有用意，都要辨别清楚才是。

孟子曰："无伤也，士憎兹多口。"

这句话是说，一个读书人在社会上没有不被批评的。作为一个人，不要怕批评。一般惹人厌的是一张嘴，吃饱饭专门挑人家的是非。中国人讲修养，在儿童课外读物中，有一本《昔时贤文》，这本书把许多诗句、格言编成韵文读本，其中就有两句说："谁人背后无人说，哪个人前不说人。"人与人相遇，一定说到第三人，说到别人对或不对，这就有是非了。只有两个人没有人背后批评，一个是已经死了的无名古人，另一个是还没有生出来的人。

如果对人家的批评过分认真，那一天也活不下去。但是要注意批评，"有则改之"，如果人家的批评是对的，就要改过来；"无则加勉"，自己如果没有错误，就勉励自己，不要去犯这个错误就好了。

青年人听了会有小感触，但不会有大感想，要等年纪大了，才会知道"谤随名高"的道理。一个人名气越大，被骂的机会越多，骂他的人也越多。有些人为了想出风头，专挑有名气的人横加攻讦。这时候，有名气的人一定要学会容忍，否则回他一句，他就达到了目的，到处宣扬"某某人和我辩论，如何如何……"这是一种很鄙俗卑下的手段。

但既然听到了反面的诽谤，也不要掉以轻心，要反省自己，严格检查，在自己的心理、行为、道德上如有过错，立刻要改，因为别人的话，有时并不一定是讪谤。假使自己问心无愧，仰不愧于天，俯不怍于人，则心不负人，面无惭色，听到了谤言，也没有关系，只要学佛家的"忍辱"就是了。

永嘉大师的《证道歌》说："从他谤，任他诽，把火烧天徒自疲，我闻恰似饮甘露，销融顿入不思议。"人就要做到这样。一个人的名位高了，所受到的反对与攻击会更激烈。后世所崇敬的圣人，在当时的遭遇却是非常痛苦的。从历史上我们得了一个教训，要想做圣人，一定要从极痛苦中站起来，问题在于受不受得了那种痛苦。

一个知识分子，做人、做事、做官基本上都要有这样的修养，受得起批评，痛切反省，修正自己，这是儒家，也是佛家，也是修道。不要以为打坐做功夫才是修道，打坐有功夫的人，如果给他两个耳光，骂他一顿，看他的功夫还有没有？本来打坐清净为"梵行"，这时他就变成了"焚行"，一下子把他自己所有的功夫都烧光了。这是由于受刺激之故，不作数；如果好话来了，恭维的来了，那比打两个耳光还厉害，那可会把你深深地活埋了。所以不要怕批评，更可怕的是恭维，接受恭维，就是心中想超人一等。说得好听是自尊心，实际上就是我慢，是我相的一种表现，所以每一面都要注意到，才是修行。

作为一个单位主管、领导人的人，要靠自己的智慧与修养，不随便说人，也不随便相信别人批评人的话，所谓"来说是非者，便是是非人"。一个攻讦他人的人，他们之间一定有意见相左，两人间至少有不痛快的地方，这种情形，做主管的，就要把舵掌稳了，否则就没有办法带领部下。另外一些会说人家好话的人，中间也常有问题。李宗吾在他讽世之作的《厚黑学》里，综合社会上的一般心理，有"求官六字真言""做官六字真言""办事二妙法",所谓"补锅法""锯箭法",都是指出人类最坏的做法。有些人最会恭维人,他们的恭维也是有作用的。

近代以来,大家都很崇拜曾国藩。其实,他当时所遭遇的环境,毁与誉都是同时并进的。因此他有赠沅甫九弟四十一生辰的一首诗:"左列钟铭右谤书,人间随处有乘除。低头一拜屠羊说,万事浮云过太虚。"

这是说他们当时的处境,左边放了一大堆褒扬令、奖状,右边便有许多难听而攻击性的传单。世间的是非谁又完全弄得清楚呢?多了这一头,一定会少了那一边,加减乘除,算不清那些账。你只要翻开《庄子》书中那段屠羊说的故事一看,人生处世的态度,就应该有屠羊说的胸襟才对,所谓"万事浮云过太虚"。

孔子说,听了谁毁人,谁誉人,自己不要立下断语。另外也可以说,有人攻讦自己或恭维自己,都不要去管。假使有人捧人捧得太厉害,这中间一定有原因。过分的言辞,无论是毁是誉,其中一定有原因、有问题,所以毁誉不是衡量人的绝对标准,听的人必须要清楚。

孔子不禁感叹:夏、商、周这三代的古人,不听这些毁誉,人取直道,心直口快。走直道是很难的,假使不走直道,随毁誉而变动,则不能做人,做主管的也不能带人。所以这一点，做人、做事、对自己的修养和与人的相处都很重要。

《庄子》也说过："举世誉之而不加劝，举世非之而不加沮。"真的大圣人，毁誉不能动摇。全世界的人恭维他，不会动心。称誉对他并没有增加劝勉鼓励的作用，本来要做好人，再恭维他也还是做好人。全世界要毁谤他，也绝不因毁而沮丧，还是要照样做。这就是毁誉不惊，甚而到全世界的毁誉都不管的程度，这是圣人境界、大丈夫气概。

我常跟同学们说，我看到学者就怕，看到文人就怕，看到艺术家就怕，看到能干的人就怕，很多人我看了就怕，怕什么？自古以来，文人、学者、艺术家都犯同一个毛病——"文人相轻"。看不起别人，文章是自己的好，儿子是自己的好，不过妻子是别人的好，是不是这样？

我们小时候读过一首名诗：

天下文章数三江，三江文章数吾乡。
吾乡文章数吾弟，吾为吾弟改文章。

三江就是江苏、浙江、江西。讲了半天还是我第一。文人个个如此，人人一样。算命的、看相的、玩艺术的，都彼此"千古相轻"、相互忌妒，甚至打架。看别人生意好就眼红，某某人八字算得好也不服气。

搞宗教的，基督教、佛教、天主教都是"千古相嫉"。你的庙子旺，我的庙子不旺，恨死你，恨不得夜里一把火烧了你的庙子，或念个咒子把你的庙子毁掉。

"文人相轻，自古而然"是古人说的，我则加了两句："江湖千古相仇，宗教千古相嫉。"我三样都碰到过，真是可怜啊！有时我闭眼睛一想，都觉得还很稀奇，在"千古相轻""千古相嫉""千古相仇"几重压力之下，竟然还能活着，而且活到几十岁，也差不多啦！

谈这些事实和道理，就在说明人根本上所犯的错误，就是慢心太重，自赞毁他，认为自己都是对的。我经常讲，天地间的人，绝没有自己承认自己犯错的，都是别人不对。任何人只要一犯错，他心里也明白，脸色立刻变红，过了一会儿，自己再一想，马上又找了很多理由支持自己，认为自己的对，错的还是你。你看我们每个人是不是这样？当然包括我在内。

（选自《孟子与离娄》《孟子与尽心篇》
《论语别裁》《药师经的济世观》）

能做好这六点,就天下太平了

我们从经验知道,只要几个人相处,乃至两个人住在一起,就不得了,别人都是浑蛋,只有自己是个好蛋。人与人相处能够做到"六和敬",然后再扩充到这个社会,就天下太平了。

什么叫"六和敬"?第一是"身和同住",什么意思?你可以解释成不打架就是身和,没有一个生病的,四大调和,每个人都精神饱满,无病无痛,彼此客客气气。身也包括面孔,没有坏脸色给人看也是身和。中国的大庙一进山门就看到弥勒菩萨的笑脸,学佛就先学拉开嘴巴笑,先学假笑也好,慢慢神经拉开了,看到人就笑,总比哭好看嘛!

我最怕看到同学整个人绷在那儿,这是学佛的样子吗?一点都不能使人喜欢,我看了就讨厌,笑脸总可以学吧?学佛第一步先学中国的弥勒菩萨,肚子大包容大,脸在笑。这个都学不会就是身不和敬。身不和怎么共住?身和还要注意衣冠整齐,生活整洁,自己生理行为每一点都要搞得干干净净，不使人家讨厌我。最难的是，即使别人做不到，你也要容纳他，能做到就不得了。不但学佛，与同事之间也能够做到才行。人与人之间就是相处不了，身不能和，因此就不能共同生活在一起。

"身和同住"，我们谁做到了？每个人身体都不调和，多愁多病之身，都要别人照应你，你照应不了别人。所以佛说多拿医药布施，他生他世就无病无痛。我就有这种朋友，活了七八十岁，从来不知道什么叫伤风感冒，健康得不得了，也不学佛学道。不知道多值得羡慕。

第二是"口和无诤"，不讲伤害人的话，即使骂人也要有骂人的艺术，而且还要看对象。像我骂一位陆居士几十年，他从来不生气，再怎么大声骂他，还是一张笑脸，我真佩服他。他对我是"口和无诤"，这难啰！这世界上很多人的长处是值得学习的。

在团体中，有的人嘴就不和，本来很好听的话，他讲得就不好听，真奇怪了。再不然，那嘴厉害的故意找些好听的话说，但是那些话一听就晓得，很讨厌。这口要和是要会讲话，三言两语就可以把人家的意见调和了，这是高度的道德修养，是很难的。但是这个口业也是修来的，你前生没有修口业，口德不好，你越劝，人家越要打官司。有的人一来先骂个两句——"搞什么名堂！不成样子！吵个屁！我请你们吃饭去"，别人就不吵了，毫无道理的几句话，也就解决了。这就是他前生修口业，有威德。所以要修口德啊！这是其一。

其二，嘴巴上吵来吵去没有什么事，一句话空的嘛，却抓得好紧，心里生气好几天，不只把脸气绿了，还气乌了。尤其是夫妻之间的争吵，到我这儿来诉苦，我肚子里都打好分数了，两个都不是好东西，为什么？口和就无争论嘛！不过你们在劝夫妻不和的时候要注意，他们讲另一半的不是你可不要附和，他们回头和好了，就会说起你这个中间人的不是了，这是实际的例子。口要和才无诤，这就是修行嘛！你不要以为是空话，你只会南无南无有什么用？所以大家要反省，有几个人是口和的？同我一样，一开口就使人讨厌就糟了。

第三是"意和同悦"，我们处在团体生活中，要注意嘴巴不和还容易，有时口里说点假话，哎呀！我对不起，抱歉……可是肚子里却梗着，这会梗出癌症来的！癌症就是与生闷气有关的。非常内向的人，你打他都不放个屁的人，然后脸上发青发乌，在里面生气，将来百分之百得肝癌。

另一种是脾气非常大的，也有患肝癌的嫌疑。中国人患肝病的特别多，患肝癌的尤其多，就是喜欢在心里头生闷气。

因为这个民族很奇怪,表面上有个假面孔的,装作没事,心里却生闷气。意如何做到和?不但和,而且要能与人同事,能与人共同生活。家庭也是如此,你看父母与儿女之间的意见会相同吗?绝对不会。现在讲代沟就是意不和,意和就没有代沟了。

第四是"戒和同修",这个戒不仅是戒律,也包括生活上的习惯。譬如爱干净的同不爱干净的,就不容易处在一起。像我是非常爱干净的,而且爱整齐,我的东西不喜欢别人乱动乱放,有同学拿了不好好放回去,我就心里讨厌,这就是一种戒不和。但是真碰到了,又能怎么样呢?真把我东西搞乱了,你斜眼一瞪,他笑一笑,也算了,你就要想,这东西最后是会坏、会没有的,就没有事了。所以戒和才能够在一起同修。戒和,照一般的解释是大家的戒律一样地好,这怎么可能吗?有人道德好,有人道德差一点。差一点、好一点要能和最难,你看"六和敬"除了和还有敬,敬就是要尊重人家啊!这样才能共同修行。

第五是"见和同解",见就是意见、观念,人与人之间意见会不同。不要讲别的,没有一对夫妻的意见是完全相同的,但也因为两人的面貌不同、个性不同,才能结婚,完全一样是不能结婚的,结婚了会早死一个。吵吵闹闹的反而可以吵一辈子,吵完了又没事了。这种情况我看得多了,如果一直吵架的老伴走了,剩下的一个没有吵的对象也就差不多了。见和是见解相同,如何沟通来达到见和是很重要的修行。

第六是"利和同均",利不只是钱,即使睡上下铺的人之间也有利的问题,这是个比方。利害关系之间能够和平相处是同均,平等。

发挥起来也包括社会经济问题,这"六和敬"在佛经中是应用在僧团的生活上,实际上扩充起来,齐家、治国、平天下都在其中。大家天天要写佛法的文章,就不晓得发挥,把"六和敬"这么伟大的佛法只用到僧团中,太可惜了,这是佛的真正教育法,天下太平的大法。

那"六和敬"从哪里做起呢?

"六和敬"有两层意义,要先从内心做起,身、口、意从自我做起,戒、见、利从行为扩大,由内而向外,人人自动自发,这是真民主、真自由,也是真佛法。

这些大文章不去写,一天到晚钻牛角尖,做什么学问?世界不能和平,主要问题不在政治制度或是学术文化,而是在每个人此心能不能和平。因为做不到此心的和平,此心不能了、不能度,要想求家庭、社会、国家、天下能够和平,那是永远不可能的。这是人类文化的大问题,所谓人类文化,包括了一切宗教、教育、哲学、政治、社会、经济、军事,等等,不只是博物馆的古画,或是什么歌舞才算文化,文化包括了整个人类的生活和习惯。如果"六和敬"能做到了,也许这个世界就能够太平。

(选自《维摩诘的花雨满天》)

第四章
事业的真义

职业不等于事业

这是一个好像最讲民主、平等、自由的时代，其实现在全世界的皇帝都姓"钱"，都是钱做主，以钱来决定贵贱，没钱就没自由。没有真正独立不倚、卓尔不群的人格修养、学问修养，有的只是乱七八糟的所谓个性张扬和向钱看，变成听"钱"指挥。连科学研究、教育、学术都在听"钱"指挥，为就业忙，为钱忙，没有精神支柱，一旦失业，就跟天塌下来一样。全世界的政府，每天都为就业头痛。

有人现在工商业做得好，很发财，或者官做得很大，这不是事业，这个是职业。中国文化中，什么叫作事业呢？出自孔子《易经系传》中的一句话是："举而措之天下之民，谓之事业。"一个人一辈子做一件事情，对社会大众有贡献，对国家民族、对整个社会，都是一种贡献，这才算是事业。譬如大禹治水，他为中华民族奠定了农业社会的基础，功在万代，这叫事业，真正事业的精神在这里。

现在大家动不动称事业，其实都是职业。事业是要对全社会真正有贡献的，不是口说的为社会，实际却是为饭碗考虑的职业。

中国古代教育的目标，四个字——敬业乐群。"敬业"就是好好学习学问，好好学习做一个人，学习人文，养成人格，再学习谋生技术，对学习、对行为、对工作要有诚恳敬重之心，不可以马马虎虎。"乐群"就是培养在社会共同生活中的道德、伦理、礼节、秩序、能力等，维护社会秩序和人际环境的健康。

中国几千年教育的目的，不是为了谋生，是教我们做一个人，职业技术则是另外学的。而且教育从胎教开始，家教最重要，然后才是跟先生学习。人格教育、学问修养是贯穿一生的。所以社会除了政治、财富力量以外，还有独立不倚、卓尔不群的人格品格修养，作为社会人心的中流砥柱。

不像现在家庭和学校的教育，乃至整个社会的教育观念，专门为了职业，为了赚钱，连基本人格养成教育都没有。人如果做不好，你讲什么民主、科学、自由、法治、人治、德治、集权，乃至信用、环保、团结、和谐？理想都很好，可是没办法做到，因为事情是人做的。

譬如孟子的话："君子穷则独善其身，达则兼善天下。"告诉我们一个读书人、知识分子，如果倒霉，把自己照管好就行了，不管外面的事。至于职业做什么都可以，职业跟学问根本是分开的。学问则是一生的事，学问不是知识，做人、做事都是学问。"达则兼善天下",如果有机会叫你出来做事呢,那就不是为个人,而是把自己贡献出去,为整个社会、国家做贡献。

再譬如老子的话:"君子得其时则驾,不得其时则蓬累而行。"有道德才能的人,时节机会来了,环境会逼得你去做官,"则驾",像开汽车一样,你就发奋去做事了。"不得其时则蓬累而行",时机不对,则随遇而安,乐得自在,刚好去读书提高修养,做点什么谋生都可以。

这些是孟子、老子的教育。不像现在,读个书,就想到学哪一科最好,做什么待遇比较高,有前途。这完全是商业行为,不是教育行为。

中国文化讲究,一个知识分子、读书人,立身处世、进退之间应大有分寸,绝不能顾虑到生活问题,这是一个大问题。过去每逢过年,很多家庭无论作装饰,或是附庸风雅,都会悬挂朱柏庐的《治家格言》,格言中,"读书志在圣贤,为官心存君国"是很有分量的名言。

"读书志在圣贤",读书不是为了拿高薪,而是求学问,可以视圣贤为榜样和最高目标,并不是求圣贤的名,或者装作道貌岸然的样子。读书不一定要做官,万一不幸出来做了官,则"为官心存君国",既然出来做公务员,就要对老百姓负责，对社会、国家负责。

现在公务员的观念和以前官的观念，的的确确已两样，所以有时候拿现代的公务员比过去的官，大不妥当。过去一个读书人，十载寒窗，一旦考取了功名，那真有味道，哪怕是一个小小的县令，出来时还要鸣锣开道，老百姓还要回避，坐在轿子里比汽车里舒服多了。最小的官是典史，勉强等于现在县里的警察局长、监狱长，这是编制内的人。皂隶之类都不在编制内，由县令自己想办法在节余项下开支。以前一个县衙门里，编制外不过一二十人办事。像清朝康熙时代，全国官吏，上至宰相，下至地方小吏，只有一万七千人，却做了那么多事。

这个问题时至今日还是值得研究的。那个时候，考取功名出来做官的，四万万人中只有一两万人，的确是很光荣。现在当然两样了，是公务员替人服务了。但是大家还有一个毛病，习惯把公务员与官的观念始终混在一起，如果这一点真正分开了，搞清楚了，那就好办了。很遗憾，几十年下来，这一点还是没有搞清楚，以致产生了政治上、社会上的很多纠纷。

讲到这里，我们知道，古人对于该不该出来当官，所谓立身出处，是很慎重的。现在我们的教育变了，每一个考进来的，都是为自己的职业问题着想，这是受西方文化的影响，即所谓杜威等人的思想，主张生活就是教育，教育应与生活、技术配合在一起。人家的文化基础同我们完全两样，我们今天没有搞清楚自己的文化精神，对别人的也没有搞清楚，别人的东西是不是适合我们的国情，今天还在考验中。

今日考进来的学生，目的是为了职业，既然为了职业，那么做医生是职业，做公务员也是职业，职业的下面，就只有价值问题，也就是待遇如何，首先问划不划得来。过去，我们的思想从不考虑个人待遇问题，所谓"为官心存君国"，讲好的一面，是牺牲自我。为什么要得到权位？是为了实行自己的理想，好替国家做一番事，如此而已。历史上许多大臣死了以后可怜得很，像秦桧害死岳飞，抄家的时候，什么都没抄到，唯有破书而已，像这种精神，是值得我们去认真研究的。

（选自《南怀瑾讲演录：2004—2006》《漫谈中国文化》《论语别裁》）

什么才是真正的大富贵

子曰:"富而可求也,虽执鞭之士,吾亦为之;如不可求,从吾所好。"

这是孔子有名的话。在《论语》上是"富而可求也",但在《史记·伯夷列传》上,司马迁引用孔子的话是"富贵如可求也",还多一个"贵"字。这也是一个问题,古书上这些小问题,读书时也要注意到。我认为《论语》的记载比较对,应该没有"贵"字,因为《尚书·洪范篇》上讲五福:寿、富、康宁、攸好德、考终命,便没有"贵"字。中国人的人生哲学,"富贵"两字往往连起来讲,富了自然就贵,不富就不贵,富更重要,所以在这里"富"字应该已经包括了"贵"字的含义。

孔子认为富是不可以去乱求的,是求不到的,假使真的求得来,就是替人拿马鞭,跟在后头跑,所谓拍马屁,乃至让干什么都干。假使求不到,那么对不住,什么都不会来。"从吾所好"。孔子好的是什么？就是下面说的道德仁义。

真的富贵不可求吗？孔子这话有问题。中国人的老话："小富由勤，大富由命。"发小财、能节省、勤劳、肯去做，没有不富的；既懒惰，又不节省，永远富不了。大富大到什么程度很难说，但大富的确由命。

我们从生活中体会，发财有时候也很容易，但当没钱时一块钱都难，所以中国人说一分钱逼死英雄汉，古人的诗说："美人卖笑千金易，壮士穷途一饭难。"在穷的时候，真的一碗饭的问题都难以解决。但到了饱得吃不下去的时候，每餐饭都有几处应酬，那又太容易。也就是说，小富由勤，大富由命，但命又是什么东西？这又谈到形而上去了，暂时把它先放放。

现在孔子所谓的求，不是努力去做的意思，而是想办法，如果是违反原则去求来的，是不可以的。所以他的话中便有"可求"和"不可求"两个正反的道理，"可"与"不可"是对人生道德价值而言的。如富可以不择手段去求来，这个富就很难看，很没有道理，所以孔子说这样的富假使可以去求的话，我早去求了。但是天下事有可为，也有不可为，有的应该做，有的不应该做，这中间大有问题。如"不可求"，我认为不可以做的，则富不富没有关系。因为富贵只是生活的形态，不是人生的目的，我还是从我所好，走我自己的路。

《易经·系辞传》说:"崇高莫大乎富贵,备物致用。立成器以为天下利,莫大乎圣人。"

人都要求这两样东西:"富与贵"。"富",财富集中在我手里;"贵",把我架得高高的。我们中国"富贵"这两个字用得非常之好,富了就一定贵,贵却不一定富。算命的就晓得,有些人命很好,但他是"清贵",贵是很清的,官做得很大,一毛钱没有。中国历史上有很多大官,死了连棺材都没有,要靠朋友凑钱来买棺材。像宋朝的岳飞,当了大元帅,满朝文武认为岳飞家里多少会有几个钱。但是岳飞被杀抄家时,除了几本破书外,什么都没有,这就是清贵。

"崇高莫大乎富贵",不是指我们现在所说的富贵。譬如说一个人学问好,是说他知识上的富,这不是金钱所能买得来的,即便再有钱也是买不到的。一个人的道德高,也不是用金钱买来的。所以"富贵"两个字大家要先搞清楚。这里所谓的富贵,是广义的,不是指狭义的财富和做官,因此说最崇高伟大的是富与贵。一个人充实到某一个程度就是大富,大富当然是贵重的、值钱的,是无价之宝了。

懂得了这个道理,所以"备物致用"。具备了万物,但这并不是说我富贵了,家里什么东西都有,才叫作"备物"。备物是真正达到了大富贵,世界万物皆备于我,是本有的,因为我们本体里具备了万物,具备了万物而能够起用。"立成器以为天下利",譬如科学家很富贵。我讲的科学家是指发明科学的科学家,不是现在的科学家、技术家。现在的科技是真正发明科学的人发明的,但是这些人都是很可怜的。像有名的艺术家,死了以后,一张画也许可以卖几千万,但是他活着的时候,连饭都没得吃,说不定还是饿死的。你说他的富贵在哪里?他的价值是在死了以后,他死了后很富贵。

这也就说明,要能对百万人有利才是"备物"、才是"富贵"、才是"立成器以为天下利",才算是万物皆备于我。然后建立一样有用的东西——就像科学家发明一样于万民有利的东西一样,这就是事业。它可以使天下万代后人都得到你的利益,这也就是功德。

(选自《论语别裁》《易经系传别讲》)

会用钱比会挣钱还难

人，活着只有两件事最难办，如孔子说的，"饮食男女，人之大欲存焉"。佛家、道家、儒家都讲这个问题，人生两个大欲望，一个是吃东西，一个是男女关系。

那么人生的目标，有钱就为了饮食男女吗？这要搞清楚了。古人有一首诗，我把它改了改，不是我有意改的，改了使大家比较容易理解："世事循环望九州，前人财产后人收。后人收得休欢喜，更有收人在后头。"

"世事循环望九州"，世间的事情就是轮回的，都是回转，跟圆圈一样循环的。"前人财产后人收"，前人发了财，钱财永远是你的吗？不会的，会到别人的手上去。后人有了财产你也不要高兴，更有后面人在等着接收你的。这几十年来的商业行为，由倒爷的社会开始，到现在乃至发大财的，仔细研究研究，多少人起高楼，多少人楼塌了！我看了几十年，看得太多了，不管官做得多么大，财发得多么厉害，最后都没有了。

世界上所有的财富，在哲学的道理上来讲，是"非你之所有，只属你所用"而已。从出世法的观念来讲，刚生下来的孩子，手都是握着的、抓着的。你们生过孩子的人都注意啊！如果手不那么握着是不健康的。婴儿躺在那里，两脚是不断乱蹬的，好像在拼命向前跑。这样跑啊抓呀，到什么时候放呢？殡仪馆的时候放了。

人就这样，就是不明白财富功名，连同身体、生命，都非你之所有，只属于你所用，这个原则先要把握住。懂了这个道理，就要好好安排自己的财富，考虑如何对人类做贡献。有人说他也做了贡献，搞了基金会，给很多地方也捐了钱。你是为了逃税，还是为了求名啊？如果有逃税或者求名的夹带心理，这个好事就不纯粹了，大有沽名钓誉的成分。

我常常说，大家只学西方的经济学，但很少学中国的经济学，更没有研究过释迦牟尼佛的经济学。如果大家懂了释迦牟尼佛的经济学，就真懂得经济了。释迦牟尼佛说，财富是靠不住的，不属于你，只是给你所用，不是你所有。任何人赚的钱，第一是官府要收税，第二是有盗贼要抢你或骗你。佛经上是王贼并称的，皇帝是合法的盗贼，盗贼是不合法的皇帝，所以赚的钱先要扣掉王贼这一份；万一碰上个水灾、火灾又扣掉一份；还要花在父母儿女、六亲眷属、朋友等身上一份；再一份花在健康、疾病上，相对最后一份可以自由做主的,也只有使用权,没有所有权。

我说他的经济学最高了,其实那五分之一也要自己真正用了,而且用对了,才是有效的。

依我的经验,人生永远感觉缺一个房间,身上永远感觉缺一块钱,所以一般人的欲望是不会满足的。

我常常问人,你发财为了什么?以中国文化来讲,任何一个人发了财,要注意一件事,"一家温饱千家怨"。一个人发财,或者一个公司发财,很多老百姓会怨恨的;至少是"侧目而视之",眼睛歪着看,格老子怎么会发?这个公司发到那么大啊,我们怎么办?

发了财以后,钱究竟做什么用?一般人到中年以后,手头的钱会多些,但钱越多痛苦越大。事业很兴旺的,烦恼也是越来越多。我以前有一个身为银行家的朋友,他告诉我他家上代的一个故事。有个人发了财,每天晚上自己打算盘,哗啦哗啦,打到夜里。过了三更,差不多一两点钟还没睡觉,他太太陪在旁边。以前的老规矩,老爷没有睡,太太一定要陪着在旁边缝针线,等着他要茶要水。有一天,隔壁墙外面,一个穷人挨着这个高墙搭了一个棚子。两个年轻夫妇做豆腐卖,凌晨三四点就起来,两人一边有说有笑又唱歌,一边磨豆腐。这个康家的老前辈,两三点钟还没有休息,还在打算盘看账。这个太太就讲话了:"哎呀,老爷,早一点休息啦,你看我们还不如墙外面那两口子,多快乐啊!"

老前辈一听:"这样啊!我马上叫他不快乐。"这个太太吓死了:"老爷,你不要害人喔。"他说:"我不害人。"就进里头拿一块银元宝出来,叫太太:"你跟我来,跟我来,到墙边上站着。"邻居那个茅草棚搭在他家的高墙下面,他把这一块银子"咚"的一声,丢过去了。

银子一丢过去,两夫妻正在磨豆腐,听到那个声音,说什么东西啊?一看,哎哟,元宝来了!发财了!上天赐给我们,怎么办?两个人不磨豆腐了,也不唱歌了,没有声音了。三天以后,一点影子都没有了。这个康老先生就告诉太太:"你看,我叫他们不快乐就不快乐。"

这个故事的意义,我想大家也差不多知道了。

很多人的经济学是书本上学来的,没有用,我的经济学是实践来的。我做过生意,赚过大钱,这还不作数,我还垮过三次,垮得光光的,当衣服吃饭。我感觉,懂了这个才懂得经济学,才懂得做生意。你光有赚钱的经验,没有垮台讨饭的经验,那你懂个啥的经济学啊!不行的。

赚钱不难,用钱比赚钱更难。有个学佛的朋友跟我说,要做功德做好事。我说你不要吹了,我现在给你港币十万,你今天晚上到香港街上做一件好事回来，我给你磕头。要做好事不容易啊！你不能到卡拉OK找个女朋友，一下送了十万，那不是好事，那十万还不够呢！还要两百万呢！

做好事，还要有福报，有福气给你碰到这个机会，你才能够做啊！花一块钱可以救人命，这才是做好事。至于上庙子去，这里送个一万，那里送个两万，到处烧香磕头，这个是骗自己嘛！这个哪是做什么好事啊？这是做生意嘛！你看老太婆到庙子里拜菩萨，三块钱买一把香、买两根香蕉，菩萨面前拜个半天，要菩萨保佑她全家平安、发财，她的儿子大学考取留学，回来要发大财……然后，烧完了香，香蕉还带回去给自己孩子吃。要求的那么多！这些人上庙子都是做好事吗？都是做生意！这个不是做好事。真做好事，不是那么容易做的。

有一次，我在苏州跟许多同学一起吃饭，吃完以后，菜太多了，我还是老规矩，对他们说："好可惜噢！你们叫那么多，太浪费，包起来带走。"有个年轻同学说："我们在街上看见苏州的叫花子好多啊，我们送去。"我说："今天晚上这一包剩菜你们要能送掉，我南字不姓，改姓北了。"结果他们不信，到了街上一个叫花子都没有。我说："这些都是职业叫花子，他们早回去休息了，已经发了财去休息了，他还跟你要剩菜剩饭吗？"结果真送不掉。然后他们走到一个转弯的地方,有三个人在一个屋檐口睡觉,盖一条被子。这个同学高兴了,总算找到了。我说:"人家睡了,不要去叫醒,他们不会要的啦。"结果,这一位女同学不相信,去叫醒,有一个人起来拿了,说声"谢谢"又躺下去了。我说:"你走了以后,他还骂你笨蛋,这些人不是讨饭的,都是外地来打工的,你看他拉开被子起来,一身西装,他一边谢谢,一边心里想:你把我当穷人看!他不骂你才怪呢。"

赚钱难,聚财难。但是用钱更难,散财更不易。能够赚钱聚财,又能够善于用钱和散财的,必然是人中豪杰,不是一般常人所能及的。

孟子说:"诸侯之宝三,土地、人民、政事。宝珠玉者,殃必及身。"这是孟子提的一个政治大原则。一个国家的领导人,如果是政治家,所领导的就是"土地,人民,政事"三宝,这三种是真正的宝。

如果一个国家的领袖,重视珍惜的是珠玉奇珍的话,灾难一定会很快光临他。古今中外皆有这种事实,应验在帝王身上的很多,最著名的是明末的崇祯皇帝,就是李自成打进北京城后,在煤山上吊的那个皇帝。实际上,他是一个好皇帝,品德也很好,就是有一个毛病,手撒不开,财货要抓在手里。流寇作乱,要筹饷用兵,他一直说没有钱,拼命向民间增加赋税。管理财政的大臣向他报告,不能再加税赋,老百姓已经没有能力负担了,建议他用皇室内库的钱。他还是不允许,说这是不能动用的。等他吊死在煤山以后,流寇打开内库,里面多的是黄金、白银、财宝,供给一百万部队的军用都足够。这就是"宝珠玉者,殃必及身"。

青年人要注意一点,如果想做一番事业,应该知道"财聚人散"的道理——钞票都到你口袋里,社会的人际关系就少了,没有"真朋友"了;"财散则人聚",孟尝君就是这样,钞票撒得开,解决了别人的困难,自己的钱当然没有了,但是朋友多,人际关系多,有了苦难,则有朋友帮忙。

孟子虽然说的是政治原则,用之于人生,也是一样的。尽管在有形的财富方面,上无片瓦,下无立锥,然而还是有无形的财富土地,以及自己的学问、思想、人品、真理等。人生的立场站稳就有"土地"了;有了人格,就有同道的朋友,那就是"人民";然后有了合乎道德的标准行为,就是"政事"。国家如此,个人也一样,"土地、人民、政事",这三件是大宝,如果只重钞票,当然"殃必及身"。

（选自《廿一世纪初的前言后语》《漫谈中国文化》
《南怀瑾讲演录：2004—2006》《孟子与尽心篇》）

不动心，才能干大事

昨天一个朋友来看我，说他看到我的《孟子·尽心》那篇文章，连着看了三遍，感慨很多。他说："你的看法我很赞成，这样来讲对极啦！从前有些人讲不动心，好像是要把心压着不让它动，那是不对的。不动心是要能做到临事不动心，才是真不动心。"

事实上，到了利害关头，这个事业可做不可做，很难下决心。真正的定力，是要在这个时候能不动心，如果能够做到，那么打坐那个不动心，在佛学上讲已是小乘之道，不算什么了。要知道处世之间，危险与安乐，不动心非常难，难得很。

另外一个现象，一般而言，大家看活人的文章，不如看死人的文章来得有兴趣。这也是《易经》的道理，"人情重死而轻生，重远而轻近"，远来的和尚好念经，那是必然的。曹丕在他的文章里，就提到"常人贵远贱近，向声背实"这两句话。譬如最近美国一个学禅的来了，他原本在美国名气就很大，但经我们把他一捧，"美国的禅宗大师来弘道啦"，中山堂便有千把人来躬逢其盛。如果要我去讲，不会有两百人来听的。要是我到外国去，那就又不同啦！所以要做事业，人情的道理大家要懂，如果这个道理不懂，就不要谈事业。

前面说过，人情多半是"重远而轻近，重古而轻今"。古人总归是好的，现在我不行，死了以后我就吃香了。像拿破仑啊、楚霸王啊，死了以后就有人崇拜。所以大家要了解人情及群众的心理。人情是什么呢？除了饮食男女之外，权力欲也是很大的，不仅是想当领袖的人才有，权力欲人人都有。男的想领导女的，女的想领导男的，外边不能领导，回家关起门来当皇帝。先生回家了对太太说："倒杯茶来！"太太呢？"鞋子太乱了，老公请你摆一摆……"这就是权力欲，人都喜欢指挥人，要想人没有权力欲，那就要学佛家啦！到了佛家"无我"的境界就差不多了。

一个人只要有"我"，便都想指挥人，都想控制人，只要"我"在，就希望你听我的。这个里边就要称量称量你的"我"有多大，盖不盖得住？如果你的"我"像小蛋糕一样大，那趁早算啦！盖不住的！这个道理就很妙了。所以权力欲要控制，不仅当领袖的人要控制自己的权力欲，人人都要控制自己的权力欲。因为人有"我"的观念，"我"的喜恶，所以有这个潜意识的权力欲。权力欲的倾向，就是喜欢大家"听我的意见""我的衣服漂亮不漂亮？""哎哟！你的衣服真好、真合身。"这就是权力欲,希望你恭维我一下。要想没有这一种心理,非到达佛家"无我"的境界不行。

佛家的话——"欲除烦恼须无我",要到无我的境界,才没有烦恼;"各有前因莫羡人",那是一种出世的思想。真正想做一番治世、入世的事业,没有出世的修养,便不能产生入世的功业。历史上真正成功的人很少,多数是失败的。做事业的人若真想成功,千万要有出世的精神。所以说,"欲除烦恼须无我,各有前因莫羡人"。人到了这个境界,或许可以说权力欲比较淡。

(选自《易经系传别讲》)

成败都经过，才能有大成就

昨天有位山东老朋友跟我讲笑话，谈到山东的孔孟文化，他说一个人要把好事、坏事全弄懂了，才能够通达。这话不错。做人就是要通达，通达人性、通达人情，才能够谈学问、谈治事。

人生的道理，太得意的时候碰到一点倒霉挫折，如果你懂得《易经》，反而应该是好运气。假设一个人永远在好运中，这个人就完了，他永远没有大的出息。所以小小地惩罚他，便不会做大的坏事，这反而是小人的福气。一个人没有倒过霉，便永远没有出息。

一个领导人，像有些帝王，把自己最心爱的大臣一下子革职，不让他干了，或者把宰相一下子派去当县长，或者当乡、镇长，就是这个道理。这些都是高明的帝王，希望部下将来能有更大的担待。这就是"小惩而大诫，此小人之福也"的道理。

孔子怎么悟到这个道理的呢？断了脚趾学个乖，是孔夫子的因果观。他看到了噬嗑卦初九爻的爻辞，这个爻辞是"屦校、灭趾、无咎"，孔子说"此之谓也"，这一爻就是这个道理。

"屦校"就是我们过去穿的木拖板。中国古人不穿鞋子，是穿木屐的。木屐外面加个边就叫"屦校"，"灭趾"是穿着木屐走路，脚歪了一下，把脚指头碰伤、碰断的意思。

卜到这一卦，要去做生意会倒霉、会赔本。不过没有关系，伤一个小脚指头而已。虽然有些不顺，但还是小灾。噬嗑卦一路都是凶卦。初九爻是无咎，没有毛病，但人已经伤了，脚指头也断了，怎么还说是无咎呢？无咎不算是很坏的运气，还算是不错的。

由此，孔子悟到了人生的道理，虽然指头伤了，但这是小伤呀！不然这个人走路永远不注意、不小心。如果跌倒，或者中风了，变成半身不遂，那麻烦就大啦，就更糟啦！所以说"小人不耻不仁，不畏不义，不见利不劝，不威不惩"就是这个道理。这是孔子解释这一卦初九爻的爻辞，所引申出来的人生哲理。

为什么身心困顿痛苦的人成就会大呢？《孟子》说："独孤臣孽子，其操心也危，其虑患也深，故达。"因为是"孤臣"，是"孽子"。像舜的一生，他在生命的路途上，一开始受到的困难坎坷，就是"孤臣孽子"的心情，所以他对一切事情"其操心也危"。

"危"字有双重意义，一是危险之危，就是看每件事情都隐伏危机，不像没有吃过苦的人那样，把事情看得很容易；另一个意思是，危者正也，居心纯正，随时怕自己犯错误，如临深履薄，不敢乱来。"其虑患也深"，所考虑的问题，所顾虑的后果，都非常深刻、深远，使反对的人没有意见。因此比一个在顺心环境中成长的人，看得更为深远通达，所以后人有"世事洞明皆学问，人情练达即文章"的名言。

孟子说"人恒过"，这三个字，一般解释是"人常常容易犯错误"，不过和上面的文义连贯起来，可以做另一种解释："人往往容易做过分的事。"过分当然也是一种过错，就是说人在优裕的环境中，优裕了还想更优裕。

上天给人类吃许多苦，目的在于使他改过自新；在人生的路程上，吃尽了苦头的人，就知道不可以做过分的事。"困于心，衡于虑"，外在环境的困难使人不能如意，在心理上处于痛苦、烦恼之中，逼着他去考虑，用思想去衡量，应该怎样做人，怎样做事。运用智慧去克服困难，选择最适当、最合道德的方法去做，才不会冒昧、莽撞，才会谨慎而行。

年轻人每说"拿破仑的字典中无难字"，我们的古谚说"用心计较般般错，退步思量事事难"，人生在这两种不同情况中都经历过了，才能成功。一切都计较好了，认为考虑周到了，可以成功，这还不够，还要做退一步想，在万无一失中，如果有个万一的意料之外的差错发生，又当如何？有了事先的准备，才勉强可以立于不败之地。

（选自《易经系传别讲》《孟子与尽心篇》《孟子与滕文公、告子》）

第五章
人生的真相

人生难如意

每个人小时候都有过一个哲学上的疑问:"我是怎样生出来的?"我们小时候问爸爸妈妈,妈妈告诉我们人是从腋下生出来的,我们还感到奇怪。现在教育普及了,都知道怎样生人,但那只是生理上的解说。

生人真有那么简单吗?照生理医学上说是很简单,但哲学上对于医学界的解说并不满意。医学并没有解决问题。即使是照医学上的解说,我是妈妈生的,妈妈是外婆生的,外婆是外外婆生的,推溯上去,最初最初的那个人怎么来的?还是个问题。人的生命究竟从哪里来的?这是一个大问题。究竟怎么死的,为什么要死掉?以哲学的眼光来看人生,宇宙是玩弄人的,老子说的"天地不仁,以万物为刍狗",也可做这一面的解释。天地简直在玩弄万物,既然把人生下来,又为什么要让他死掉?这是多遗憾的事!

讲到遗憾,又想到哲学上的另一个问题。以东方哲学来说,《易经》看这个世界,始终都是在变化中,而它的变化始终是不圆满的。《易经》从"乾""坤"两卦开始,最后一卦是"未济"。"未济"也可以说是没有结论的。以《易经》来看世界,任何事都没有结束。人生有结论吗?我们也讨论过"盖棺论定"并不是结论,人死了没有结论。宇宙、历史有没有结论?据科学、宗教、哲学所了解的,宇宙最后还是会毁坏,毁坏了又会新生,也是没有结论。所以人生是一个没有结论的人生,而这个没有结论的人生,永远是缺憾的。

人这一辈子,就三句话——莫名其妙地生来,无可奈何地活着,不知所以然地死掉。每个人都这样。我们常常追求这个,追求那个,说都是为了追求快乐、幸福,可见都活得不快乐、不幸福。死了不甘愿,活着很痛苦,就这么活着。最后死的时候,不知所以然地走掉了,如此而已。

天下事没有一个"必然"的,所谓我希望做到怎样怎样,而事实往往未必。假使讲文学与哲学合流的境界,中国人有两句名言:"不如意事常八九,可与人言无二三。"人生的事情,十件事常常有八九件都是不如意。而碰到不如意的事情,还无法向人诉苦,对父母、兄弟姐妹、妻子、儿女都无法讲,这都是人生体验来的。又有两句:"十有九输天下事,百无一可意中人。"这也代表个人,十件事九件都失意,一百个人当中,还找不到一个真正的知己。

想着必然要做到怎样，世界上几乎没有这种事，所以中国文化的第一部书——《易经》，提出了八卦，阐发变易的道理。天下事随时随地，每一分钟、每一秒钟都在变，宇宙物理在变、万物在变、人也在变；自己的思想在变、感情在变、身心在变，没有不变的事物。我们想求一个不变、固定的，不可能。孔子深通这个道理，所以他"毋必"，就是能适变、能应变。

一个人活在这个社会上，都想自己名声好、成就高，一路春风得意，但那是不可能的。一个真正有道的人，处在这个社会常有很多的委屈、侮辱、痛苦，没有办法向人诉苦，只有自己挑起来。所以不必求人安慰，因为他安慰你的话毫不相干，我吃了苦，很苦，他说吃点糖就好了，他也不晓得你苦在什么地方，这就是人生。尤其处理大事，更是如此，所以我现在发现，历史上受冤枉的人很多啦！现在以我的经验再来看历史，有些人盖棺还论定不了，死后把冤枉、痛苦带进棺材的人太多，所以历史太难懂了。

中国人有句俗话：家家有本难念的经。这句话还不透彻，一针见血的讲法，应该说人人有本难念的经。

我也常常提到杭州城隍山城隍庙门口的一副对联。小时候读书看了很有趣，记了下来。后来从几十年的人生经历中，看自己、看别人，深深地了解了这副对联，其包括了佛家、儒家、道家的人生哲学。对联上联描写夫妇关系：夫妇本是前缘，善缘、恶缘，无缘不合。夫妻不一定是好因缘，有的吵闹一辈子，痛苦一辈子。下联说的是儿女问题：儿女原是宿债，欠债、还债，有债方来。有债务关系，才有父母儿女。

所以，人生由男女感情结为夫妇，然后生儿女，美其名曰天伦之乐。其实从人生深一层的体会来看，没有乐，只有苦，不过人都是喜欢苦中作乐罢了。城隍庙的这副对联，将整个人生因缘道理，差不多都概括在内了。

我们学佛的人看人生，从因缘的方面来看，比一般人要看得深刻。以佛学的观点看人生，真正的好因缘、善缘，不管有没有结为夫妇组织家庭，大都不超过五年、十年的。例如，有些小说，像《红楼梦》《西厢记》，乃至西方名著《茶花女》等，大家看了，觉得男女间的你侬我侬非常可爱，令人欣羡。但是你不能加以科学分析，一分析他们所谓的浓情蜜意，其时间的持续也不过几年的美景而已。

因为它是短暂的、片段的，所以就觉得很美、很有味道。人人都希望维持这种诗情画意般的感情几十年，甚至永远。这不可能，绝对不可能的。因此，佛经上称我们这个世界为娑婆世界。"娑婆"两个字的中译就是堪忍。这个世界缺点很多，没有一个人生是圆满的。幸福的家庭很快地就散了、破碎了。失望和痛苦忍不了，还是要忍，还是要接受。

中国还有句古话——"造物忌才"，是从佛经中演绎出来的。造物代表天地，就是说人生的命运不圆满，上天对人才是妒忌的，不愿意他圆满。中国人喜欢算命，提到算命，我偶尔也教同学们学学，但不赞成他们真的去算，因为这是靠不住的。

算命有它深奥的哲学道理，这里暂时不谈了。至于它所推演的内容，统括而言，不过是妻、财、子、禄四样东西。对女性讲就是夫、财、子、禄。这辈子家庭、丈夫好不好？有没有钱？将来成家儿女如何？生活有无问题？前途功名怎样？然而就算命的原则来说，这一切，只用一个"才"字就可以简单概括了。"才"字代表钱财、文才，乃至人长得漂不漂亮的人才，都包含在内。

有人算命回来问我："老师啊！算命的说我有财，结果我没有什么钱。"我说："你怎么没钱？你今年结婚讨太太，太太就是财产，大财产进门啦！"结婚就要花钱嘛，是有钱你花掉了。所以算命的拿才讲一个人命中有财，可是人长得漂亮，已把财占去；或者读书人学问好，抵消了财就穷了。要是又聪明又漂亮又有钱，天底下的好事给你一个人占尽了，人家占什么啊？这个世界公平得很，占了这样就缺少那样，因此我们可以了解缘的道理，不一定圆满。

　　小时候我家有个庙子，是从宋朝时期传下来的家庙，历来出过很多高僧。我父亲告诉我，其中有位高僧的对子很好："得一日粮斋，且过一日。"有几天缘分，便住几天。就是说做天和尚撞天钟，和尚去了庙子空的洒脱境界。人生有如此解脱的心境，那么对自己一辈子的因缘遭遇便能处理得非常美满了。

（选自《论语别裁》《人生的起点和终站》《列子臆说》《谈缘》）

天下无如吃饭难

我常常跟同学们讲,我父亲是遗腹子,我父亲出生时,我的祖父已经去世了,他自己读书、学问也蛮好,后来做生意,靠自己站起来操持这个家庭。他告诉我的一副对子——"富贵如龙,游尽五湖四海"。一个人有钱、有地位像一条龙,非常自由,游尽五湖四海,这是富贵的重要;"贫穷如虎,惊散九族六亲",一个人穷了像老虎一样,亲戚朋友看到都害怕,认为是来揩油的。

所以我父亲常常告诉我:"孩子啊!小心节省,一文钱逼死英雄汉啊!"一块钱会逼死你,最难是一块钱。所以我常常引用古人的诗,"美人卖笑千金易",现在老板有了钱,到外面乱来,撒手千金万金,多容易!"壮士穷途一饭难",一个了不起的人才,穷途末路,饭都没得吃。这些都是我从小受的教育,深知这个道理。

《列子》中讲到,齐国有一个人,穷得不得了,在城市中讨饭。齐国的国都在山东临淄,都市里的人讨厌这家伙,来得次数太多了，没有人给他。他讨饭都讨不到，就到田家后院马厩去。古人养马，尤其大户人家，那马多得很啊，几十匹、几百匹马，马厩里有专人管的。这个人到了田家马厩，找兽医做一点事情，得到一点饭吃。

大家看到，笑这个讨饭的，因为古人很看不起医生，中国古代把医跟画符念咒、跳神的巫连在一起，叫巫医。中国上古时期，凡是懂医的人，一定会画符念咒，会装神弄鬼，所以上古时期对医这个方技非常看不起。到了民国初年，我小的时候，还有些医生门口挂一个"儒医"的牌子，代表这个医生不是普通的医生，是读书人。以前学医是学的专门技术，除了医术，其他学问不懂，所以那些名医、儒医就很难得。这个乞儿被大家耻笑：讨饭都讨不到，只得从马医那里讨饭吃，真不嫌丢脸。

这就是讨饭的哲学，讲出来世界上的人都是讨饭的。我常说大家读出来博士干什么？给那些"不是"用的。什么都不是的人，只要有钱，开公司行号，开大工厂，叫你这个博士专家来，高薪给你，干不干？你一定干。你做得不好，开除，另请专家。所以我劝大家要做"不是"，那是最高的，只要有办法，你站得起来，无论什么学问专才都可以呼之即来，挥之即去，你看这是什么力量？哪个力量最大？所以天下人都是乞儿，哪个人不在讨饭？大学毕业，拿高薪，不过是高级讨饭，还不是靠别人发薪水给你吗？你有办法，你发薪水给别人，对不对？

天下最耻辱的是向人家讨饭吃，如果自己都不脸红的话。马医以自己的本事做一点事，换一口饭吃，又有什么耻辱？这是天经地义嘛！换句话说，我以劳力换来的。

这个哲学道理很高明，我们要认清楚，不要傲慢。年轻的同学本事再大，还是非去讨饭不可，如果人家不用你，你一点办法都没有，除非你用你自己。

（选自《原本大学微言》《列子臆说》）

改变命运要靠自己

我曾同你们一样，也年轻过的。我十七八岁的时候，人家问我多少岁，我讲二十九。我二十一岁已经出来做事，别人一问我，我已经四十五了，而且胡子还留起来。现在啊，天天刮，恨不得一天刮七八次才好呢！越年轻的时候越想装老，喜欢看相算命；给我看相算命的人很多啊，我那个时候也觉得自己前途无量，后途无穷的。有些朋友说："你将来到了走眼运如何，到了中年四十几走鼻运又如何？哎哟，我说这样好了，我把鼻子当给你，就少当一点钱，到鼻子的鼻运，我不要了，统统给你了。"

看相算命靠不住的啊！大丈夫能造命，不要听这一套！年轻人中有很多搞这些的，我一辈子玩这些，自己也学，学完了都不看，什么相啊、命啊，人不可以貌相，你不要相信，没有这回事。尤其是女孩子们，找先生，千万不要相信这一套，相信这一套，不知道多少人上当。

《诗经·大雅·文王》里说"永言配命，自求多福"，这是千古流传、符合天命的真理名言。这两句话，只有八个字，但这是中国文化本有的精神，包括宗教、哲学以及人生生命价值的因果观，同时更是破除千古迷信的宿命论的重点。

什么叫"永言"？永久千古不能变动的名言，万古长新，永恒的。"永言配命"，配合一般人对命运宿命的观点。一般人认为有一个不可知的力量做主，如上帝、佛、菩萨、阎王等，以为命运有鬼神做主。上古文化，老祖宗告诉我们是"无主宰"的，配合大家了解一切生命、天下、国家的大势命运是"无主宰、非自然"的唯心所造。

现在一般性宗教，大家都是在向神明行贿，好像菩萨、上帝也都在贪污一样，而且善男信女们行贿还不花本钱，只要跪到那里磕两个头，散会了哭一场，菩萨、上帝就会保佑你。这个主意完全错了！

《易经》讲"自天佑之，吉无不利"。唯有自己先站起来，自己帮助自己，才能"自天佑之，吉无不利"。自佑，自己保佑自己，唯有这样，才能得到他力。"自天佑之"这个天，就代表他力给你的感应。来自他力的一切，就叫感应；有感就有应，所以自己能够自力站起来，"自天佑之"，那么上天才能感应你。

自己如果站不起来，你躺在地上我扶你一把，会走路啦！如果我放了手，你又躺下去，下一次我再也不干了！只好让你永远躺在地上。所以人要能自助才能天助，能够自立自强的人，才能大吉大利。由此，《易经》告诉我们：人生命运都掌握在自己手里，任何一种外力都是靠不住的。

因此要想真正改变自己的命运，不是靠他力，不是靠菩萨、上帝，是靠自己"自求多福"，这是破除一切迷信的真言。人，只要努力，一分耕耘就有一分收获。你感觉这个社会对你不适合，哪个朋友与你处不好，都是自己的原因。所以先反求诸己、反省自己，不要怨社会、怨朋友，要严格检讨自己，找出原因，这就是"自求多福"。

（选自《庄子諵譁》《孟子与公孙丑》《易经系传别讲》）

祸福无门，惟人自召

《易经·系辞传》中说："吉凶者，贞胜者也。"

这里有个原则，不需要迷信，就是中国文化哲学的道理，认为天地间没有绝对的好事，也没有绝对的坏事。好坏事都在于人为，人在于心，所谓"贞胜者也"。贞的意思就是正，心正坏事也不坏了，心不正好事也不会好。

讲到这里，想到当年有位朋友，一表人才，相貌堂堂，才华出众，样样都好，就是太风流潇洒了。算命看相，都认为他会官至极品，命相都是第一流的，因此他也很自负。不过后来太过于风流潇洒，得了性病，甚至连眉毛也生疮烂掉了，变成了无眉的人。还有什么相？都破坏了，只好上山去了，最后不知所终。这就是我亲眼看到的，我们过去一班同学谈起这位老兄，都非常怀念，也非常惋惜。他的才华真高、真好，但结果是这样。

古人所说的中国文化的道理，不是什么菩萨、上帝在保佑你，也不是命中规定了不能变的。我们从小必读的课外读物——道家的《太上感应篇》中就说："祸福无门,惟人自召。"祸福没有一个是命运规定不变的,就是看人自己的作为了。这个道理大家千万要注意。

生命中有一分不可知的奥秘,人人都想知道它,你只要在这方面指点他几句,他非上当不可。所以古代的帝王特别迷信,年号经常改,甚至有当了二十年皇帝,改了十几个年号的都有。这等于我们当年起名字,我本身就有七八个名字,年轻时很喜欢改名字,有本名、有小名、有谱名（家谱里边的名字）,现在还保留了好几个,然后有号、有字、有别名,有各种各样的名字,就是为了"贞胜"。但"贞胜"不是迷信,因为宇宙之道是"贞观者也"。

《易经·系辞传》又讲到"寂然不动,感而遂通"。这也就是"道""佛"的境界,是清净空寂,如如不动的。"感而遂通"这句话是说,只要你一动,他那边就有感应,一种力量的作用就出来了。

"不召而自来",人生的祸福善恶之间,没有另外一个做主的,就是所谓的"无主宰"。祸与福是没有主宰的,也不是神祇。不是说吃了供养的猪头他就保佑你,没有供养的话,鬼就找你,那是空话。"祸福无门",鬼神也做不了你的主,菩萨、上帝都做不了你的主,只有人自己的心念,所谓"惟人自召",是你自己召的。所以我们人生一切的遭遇,严格地反省下来，痛苦、幸福、烦恼等，都是自己召来的。天道就是这样一个东西。

讲到宗教哲学，往往有人提出这样一个问题：宗教是讲是非善恶的，但是有人一辈子是好人，做好事，却遭遇的打击最多，痛苦也最大，连写《史记》的司马迁也曾有如此的怀疑。司马迁替李陵说公道话，反而受了重刑，痛苦一生。他在《伯夷叔齐列传》中说：所谓天道是真的吗？假的吗？我就不清楚了。社会上有许多好人一辈子痛苦，而那些坏蛋的生活却舒服得很，样样好，人越坏生活越好。

对于宗教，几乎所有人都提出这个问题，这个问题也确实很难解答。不过《金刚经》中曾解答说：假如这个人一生都做坏事，而一生还过得那么好，是因为前生福报尚未享完，前生的利息尚未用完；等到利息都用光了，本钱也收回了，下一生就会受恶报。不过，下一生又看不见！那很简单，一个人前生欠的账没有还完，所以今生倒霉受苦，先把账偿还，下一生就好了。

或有人说，这只能听听而已，前生及来生也都看不见嘛！关于这个疑问，只要从现实这一生去研究就会明白，"祸福无门，惟人自召"。老子讲"此两者或利或害"，很难定论，因为自己严格反省下来，就会发现遭到最大的打击就是最大的福报，如果没有招到最大的打击的话，大概命也不保了。当然人活着并不一定就好啊！活得太长久也很难过，虽然一般人认为长寿也是福气。

  由这许多道理看来，才会懂得老子所说的"天网恢恢，疏而不失"的意义。它没有道理，没有主宰，没有标准，可是又有一个大原则、一个标准。这个道理，在任何宗教哲学上都是最深刻的一个道理。简单一句话说明，就是因果律，自己造的因，自己自然得这个果，谁都逃脱不了。

        （选自《易经系传别讲》《老子他说》）

力和命是两种东西

关于人是否相信命运,也是个大问题。我们晓得很多人一提到命运,就认为是迷信,可是那些说命运是迷信的人,最为迷信。你告诉他,像你这样头脑那么清楚,那命运对你真没有办法。"嗯!差不多!"他已经中毒了。所以世界上最迷信的人是什么人啊?知识分子。越是讲这样迷信、那样迷信的人,他就是一个非常迷信的人,大家仔细观察那个心理就知道。

《列子》中有一篇《力命》,讲人生的两件事,一件是命运,另一件是力,代表了权力、势力。"力命"这两个字用得非常好,尤其这个"力"字,这就看出来中国文化是跟印度佛学文化相吻合的东方文化了,佛学后来将命运翻译为"业力"。

"命",是中国文化里的一个代表性名词。这是一个代号,抽象的,并不是说你生下来的八字就固定了一生,而是说,命是前生的业力带来的。研究唯识就了解,所谓种子生现行,就是命运的道理。命运可不可以转变呢?可以转变,我们自己可以控制，一切唯心，心的转变就可以转变命运。但是这个转变非常困难，要莫大的善行功德才能够转变得了。

我经常说，我们大学里开哲学系、哲学研究所，只能说是学哲学的，没有出一个哲学家；等于你们都学过科学，并不是科学家，大家只是学一些科学、哲学的常识罢了。真正的大哲学家在什么地方？像我们看到乡下的老太太，真像大哲学家。据我所知，有人一个大字不认识，一辈子就守着一间破房子。你们大家心烦了还去看一场电影、到街上喝杯咖啡，她们也不知道咖啡是什么东西啊！她们一辈子就是在夕阳西下时，弄一条破板凳放在门口，看看田地上的草啦、看看下雨啦、看那个乌鸦回窝啦、看那个鸡咕咕叫啦、夜盲鸡找不到鸡窝啦……那比你们看电影、跳舞快乐多了。

问这些老太太："为什么能够在这里过一辈子啊？""哎呀！我命不好，这都是命啊！"她们很安详，人生再痛苦她们也没有什么烦恼，那是自己的命。"老太太，你这个孩子不对啦、不好啦！""哎呀！命，我的命。"她们绝不自杀，你看她们有多好的哲学修养。倒是我们许多学了哲学的人，还有跳楼自杀的，再不然去跳海的，哲学都没学通，还不如乡下人。

我们年轻的时候，在西南边疆一带，那个山里头多穷苦啊！那真是"古道西风瘦马"。至于什么叫作"小桥流水人家"，哪里看到桥,哪里看到水啊!什么都没有,都是"荒郊野岭人家",可是那些住在小茅棚的人也过了一辈子。我经常骑马到那个地方,觉得骑在马上那个威风实在没有意思,如果我能够在这个地方修个茅棚住一生多好!可是我这一生到现在还做不到,这也是命,这就是命的道理。

力跟命是两种东西,力是个现实力量。譬如有名的《唐诗三百首》,里面有李商隐写诸葛亮的两句诗:"管乐有才原不忝,关张无命欲何如?""管乐有才原不忝",赞叹诸葛亮同管仲、乐毅一样。诸葛亮平生自比历史名人管仲、乐毅,诗人说这个不是假的。但是诸葛亮也没有大成功啊!帮了那个刘老板,占了四川一角,过了一二十年就完了。"关张无命欲何如?"关公、张飞没有封王之命,不过如此,这就是命。

"中路因循我所长,古来才命两相妨。劝君莫强安蛇足,一盏芳醪不得尝。"

这首诗是李商隐讲自己的,"中路因循我所长",这是他的长处,事情做一半就算了,看看觉得后面没有什么结果,就算了。我的个性有点像他,所以经常引用他的诗。"古来才命两相妨",有学问、有本事、有才能,但是没有这个命有什么办法呢?有人又没有学问、又没有本事、又没有能力,但是他有这个命。这两句是唐诗里的名言,是哲学思想的最高境界。所以我经常告诉青年同学，研究中国哲学的不通诗词，很多哲学的宝贝东西都错失了。

"劝君莫强安蛇足"，他说人生有时只需把握一点现实，得过且过，今天好就是了，明天就不需要考虑了。已经画好一条蛇，你再添个脚就不是蛇了。如果你自作聪明，在那个现实世界里添一点，"一盏芳醪不得尝"，分明一杯很美的酒，已经吃到嘴边，你想给它加一点点东西，完了！这一杯酒也喝不成了。这就是道家的思想，也是诗人的境界，也是中国的一种哲学思想。

（选自《列子臆说》）

无德而富贵，是人生最不幸的事

子曰："德薄而位尊，知小而谋大，力小而任重，鲜不及矣！《易》曰：'鼎折足，覆公㒽，其形渥，凶。'言不胜其任也。"

《易经》曰："鼎折足，覆公㒽，其形渥，凶。"这是鼎卦九四爻的爻辞。鼎折足是断了一只脚的鼎。"鼎"字原来是个图案，现在写成方块"鼎"字了。古代的鼎是家庭用的饭锅，唐代以前的大家族就是用鼎来煮饭的，《滕王阁序》中便有"钟鸣鼎食之家"的话。

这一爻的意思是说这个鼎断了一只脚，一锅热饭翻出来了，一翻翻到脸上，难看极了，饭也倒在地上，吃不成了。如果你卜卦卜到这一爻，做生意，做事，可以说是一塌糊涂。虽然不致坐牢，但可能会变成过街老鼠！

子曰："德薄而位尊，知小而谋大，力小而任重，鲜不及矣！""德薄而位尊"这句话的意思是，自己的道德与学问不够,但位置很高。等于做生意,找个笨蛋来当总经理,尤其现在的人做生意,叫自己的太太当董事长,支票由太太签名,出了事太太去坐牢。太太们又不懂"德薄而位尊"的道理,自己分明是在家里做饭的人,现在却挂上了董事长名衔,当然非倒霉不可。

"知小而谋大",自己又没有智慧,做官想越大越好,生意赚钱越多越好,或者想买个小岛当国王,自己智慧又不够,计划倒是大得很,人小鬼大。

"力小而任重",五斤放在肩膀上还背不动,坐飞机连手提行李还要用轮子拖,却自以为千斤大力士,那不是吹牛吗?

有一次跟何敬公和一些教授去日本,偏偏碰到日本的火车出轨,大家只好下火车步行。距离住宿处比台北后火车站经过天桥到前站还要远一倍。大家说怎么办?我说走呀,但找不到红帽子提行李,我说自己拿嘛!大家都发愁怎么拿得动,我说:"我有两个皮箱,再给我一个、三个。你们两个人抬一个总可以吧?"他们说:"看你穿着长袍,个子那么小,怎么能拿动三个大皮箱?"我说:"试试看,我好多年已经没有练过啦。"

于是肩上扛一个,两手提两个,走了一段,我心里有数,外面看似若无其事,里边已经满身大汗了。大家看了说:"原来你真有武功呀！"我说我也没有那么大的力气。他们说："那是怎么回事？你还那么从容！"我说："你们说我是学佛的嘛！如果我不表示一点从容，那佛学到哪里去了？"其实我都累得快没命了，里边衣服也都湿透了，只是他们不知道而已。走到半路，我已经快顶不住了，两个人抬一个箱子的，还在半路歇了两三次，我早就到了目的地。他们说："你一定有功夫。"我说："什么功夫也没有，我要是跟你们一样，歇歇走走，一个也拿不起来了。"

这是真话，那时候我就是"力小任重"，差点出了洋相，所以人不要不自量力。自己力量不够，偏要挑一个大责任，等于太太们当了董事长一样，以为生意好做，最后当了代罪的羔羊。

由此我们知道，有三个基本的错误是不能犯的：一个是"德薄而位尊"，道德、学问都不行，大家来恭维你，尤是出家人，小小的年纪出了家，人家看到你便拜，那真是可怕得很！你以为头发刮了就得道了吗？不是那么回事。另外两个是"知小而谋大，力小而任重"。如果犯了这三大戒，"鲜不及矣"，一定倒大霉，很少有例外的。所以孔子说"覆公"，一锅饭倒了吃不成了，还把自己弄得满身起泡。

这个现象就是"不胜其任也"。自己要有自知之明，我能不能挑动这副担子，负不负得起这个责任，自己先要称量一下自己。

　　《汉书·景十三王传》中还有一句话:"亡德而富贵谓之不幸。"人生没有建立自己的品德行为,而得了富贵,这是最不幸的。这里我要补充一下,过年的时候,门口贴的对子"五福临门"是哪五福呢？五福（寿、富、康宁、攸好德、考终命）里面没有"贵"哦！官做得大,不一定算是有福哦！五福里头有"富"；中国话"富贵"常连在一起,富了就贵了。"贫贱"连在一起,穷了地位就低了。这里告诉你,无德而富贵,是人生最不幸的事情。

　　（选自《易经系传别讲》《南怀瑾讲演录：2004—2006》）

人生的四种障碍，四种惧怕

杨朱曰："生民之不得休息，为四事故：一为寿，二为名，三为位，四为货。有此四者，畏鬼，畏人，畏威，畏刑：此谓之遁人也。可杀可活，制命在外。不逆命，何羡寿？不矜贵，何羡名？不要势，何羡位？不贪富，何羡货？此之谓顺民也。天下无对，制命在内。故语有之曰：'人不婚宦，情欲失半；人不衣食，君臣道息。'"

——《列子》

道家的杨朱说，人生有四件事情使我们不得休息，一为寿，二为名，三为位，四为货，这是人生的四大障碍。

第一，人想长寿。正统的道家——老、庄、列子等，并不主张延长寿命，但也不反对你活得长，要听其自然。可是人不懂这个道理，为了活得长久，非常辛苦。

第二，为了虚名。杨朱专门分析过名是假的，不要受它的骗。

第三，为了地位。

第四，为了钱。这个"货"是代表物质享受。

人要集齐了这四种障碍，就又怕人，又怕鬼，又怕权威，又怕法律，因此"可杀可活，制命在外"，自己活着的生命不得真正的自由，操纵在别人手里，人家要杀就杀，要你活你就活。尤其帝王时代，"学成文武艺，货与帝王家"，不管你学文学武，卖给皇帝，考取了官位，升官发财，然后就是控制你的一切，富贵功名，要杀要活，都在一人之手，帝王的话就是法律。

现在是自由民主时代，可杀可活则在资本家手里，或是独裁统治者手里，我们的生命仍是由别人控制，自己没有办法。你说推开集权、民主来讲，完全自由的社会，生命有没有操纵在自己手里？没有，是操纵在物质手里，你没有钱就活不下去，还是"制命在外"，除非你功夫修养到不吃饭、不睡觉也不穿衣服，随时两腿一盘涅个槃就可以走了也行！否则就不行。

他下面说"不逆命，何羡寿？"人不要违背自己的生命，该活多久就多久，也不要去自杀，如果叫我们明天就死，也不要留恋，留恋这个世界只有痛苦，因而对于寿命的长短就没有什么介意了。"不矜贵，何羡名？"不贪图贵，也就不介意有名无名。"不要势，何羡位？"我们不要权势，不把它当一回事，对于人生有没有地位便不会羡慕。"不贪富，何羡货？"不图发财，所以对物质、钞票也没有什么羡慕。能够做到这四样都不贪图的话，才是真正顺应自然的人生。

"天下无对，制命在内"，生命能够这样，天下就没有相对抗的，自己独立而不移，在天地之间顶天立地，自己的生命自己做得了主，不靠别人，这叫作真正的自由主义。这与西方的自由主义思想不同，也可以说比西方自由主义思想更彻底、更尊重自己的生命。

"故语有之曰：'人不婚宦，情欲失半。'"婚就是结婚，宦就是做官，这是中国上古乡下人的老话。一个人既不结婚又不求职务，则感情和欲望的苦恼就减少了一半。

在痛苦中成长

朱元璋做了皇帝以后,非常反对孟子,他认为除了孔子,孟子哪里够得上做圣人啊!下令把孔庙里面孟子的牌位拿掉。所以,朱元璋做皇帝时,有好几年圣庙里面是没有孟子的。

皇帝这个位子坐久了,他开始喜欢读书。有一天晚上,再拿《孟子》读,读到这一段:"故天将降大任于斯人也,必先苦其心志,劳其筋骨,饿其体肤,空乏其身,行拂乱其所为,所以动心忍性,曾益其所不能。"他一拍桌子:"嘿!孟子真是圣人,我对不起他,赶快,恢复!"把孟子又变成圣人了。因为《孟子》这一段,好像讲到了他一辈子的痛苦经过。

有段历史的记载,不是正史上的。朱元璋和马皇后在宫廷里讲笑话,高兴之下,他就拍马皇后的大腿:"哎呀,想不到当年我们两个没有饭吃,出来当兵讨饭,哪里晓得做了皇帝!"

马皇后这个人是千古以来最好的皇后,很有修养。朱元璋一拍大腿就出去了，旁边有两个太监。马皇后就说："皇上马上要回来了，你们赶快，一个装哑巴，一个装聋子，不然你们就没有命了。"两个太监一听皇后这样吩咐，就懂了。

等一下朱元璋回来了，很生气，他想起刚才跟马皇后讲的话，还随便拍了一下大腿，让两个太监给看见了，没有威仪、没有威风了。回来就瞪起眼睛要杀人，问两个太监："我刚才跟皇后讲的话你们听到了吗？"两个太监都不说话。马皇后讲了："皇上你去吧，去吧，没有事，这个是哑巴，这个是聋子，跟在旁边一辈子听不到的，你管他们干什么，赶快去办公吧！"这样两条命就救下来了。

这个故事讲到"饿其体肤"。"饿其体肤，空乏其身"，这怎么讲？没有饭吃，身体饿得没有精神，没有力气，受这种苦。

最严重的是"行拂乱其所为"，你的理想达不到，任何事情都做不到，会倒霉到这种程度。为什么上天会那么折磨你？你的命运为什么那么苦呢？这就是上天成全你、教育你。教育你什么？"所以动心忍性，曾益其所不能"，你心里所想的达不到目的，任何事都不成功，在这个时候"动心忍性"，能够忍得下来，平得下来，就是修养的真功夫了。

因此"曾益其所不能"，由忍性的修养开始，然后又在那些痛苦磨炼当中才懂，才能做一件大事业，成就大事。

孟子在这篇文里还讲道"人之有德慧术知者,恒存乎疢疾"。一个人学问的成功也好,事业的成功也好,做生意的成功也好,必须带一点病态,必须带一点不如意,总有要一些缺陷,才能够促使他努力。所以,朱元璋读到这里就拍桌子了:"哈!真是圣人!"

然后,孟子说"人恒过,然后能改"。不只是讲做人哦,一个公司也好、一个社会也好、一个国家也好、一件事业也好,不经过挫折,你做领导的,成功不算成功的。孟子的这个结论,"人恒过,然后能改",七个字,人经常犯错,犯了过错肯反省检讨自己,然后能改。没有给你痛苦的打击,犯了错,你不会反省,不会改过的。

所以,人不怕犯错误,大丈夫犯了错误挺身而出,改过来,然后能够"困于心,衡于虑,而后作"。心里感受痛苦压迫,"衡于虑",然后才晓得冷静地衡量、考虑,"而后作",再起来,能够做伟大的事业,做一个人。

因此,一个国家,一个团体,一个公司也好,一个家庭也好,"入则无法家拂士,出则无敌国外患者,国恒亡"。一个国家,如果无"法家",法治便不上轨道。无"拂士",是没有人讲难听、批评你的话。一个领导人,没有人给你讲不同的意见的话，就危险了；讲话批评或纠正领导人的，叫作"拂士"。

一个国家、一个社会、一个家庭，没有"法家"是不行的。"法家"除了懂得司法以外,另外一个法家是什么？像诸葛亮，是刘备的法家，给他出主意的，有方法的，所以也叫"法家"。我们有会写字的人，譬如写给朋友，某某法家正之，就是这两个字。意思是,你的字比我写得好,请你纠正我。这个法家，不是司法的法了，指内行人，善于用智慧。

然后，孟子还讲了两个原则。于个人、社会、团体、国家来说，都是"生于忧患，而死于安乐！"

《列子》中孔子也说过类似的话："夫忧所以为昌也，而喜所以为亡也。"

一个人随时有忧患意识就有前途。如果忘记了忧患而傲慢自大，自以为了不起，这个人非失败不可。越觉得自己不够的人，越是会成功的，所以忧患就是最后成功的条件。

青年人每天都在烦恼，前途无"亮"，怎么办？就烦啊！因为烦就晓得努力啊！就要去找这一个亮光，当然有希望。假使人生没有忧患，不去找这一点亮光，就完了，所以"忧者所以为昌也"。

"喜者所以为亡也"，自己认为一切很满意了，高兴了，这是灭亡的一个先兆。所以一个人很得志，自己认为了不起，那当然是灭亡，那不必问了。如同西方基督教中所说的"上帝要你灭亡，必先使你疯狂"，这也是真理啊！要毁灭一个人就使他先疯狂。中国文化中只讲一句儒家的道理——"天将厚其福而报之"，也就是因果的道理。所以世界上有些坏人比一般人发财，运气更好，因为上天要使他报应快一点，所以多给他一点福报，故意给他增加很好的机会，使他昏了头。他把福报享完了，报应就快了，就是这个道理。

（选自《南怀瑾讲演录：2004—2006》《列子臆说》）

毕竟输赢下不完

一个学政治哲学的同学问我，人类究竟怎么样达到理想的世界？其实我们永远达不到。理想世界就是理想世界，假定人类达到了这个世界，就是人类毁灭的时候了。你不要看人类乱七八糟的，战争啊，你争我夺的，人类就是这么一种动物，在矛盾、乱七八糟中活得很有趣；如果一切变得安详了，人活着的意义就没有了，就不想活下去了。

这个道理就是《易经》八八六十四卦的最后一卦，叫未济卦。人类的历史、宇宙的现象、人类理想的世界、政治的哲学都是没有结论的，所以永远是未济，永远没有结论，永远演变下去，这是哲学的道理。

我们看看历史，看看人生，一切事物都是无穷无尽，相生相克，没有了结之时。

明末崇祯年间，有个人画了一幅画，上面立着一棵松树，松树下面有一块大石，大石之上，摆着一个棋盘，棋盘上面有几颗疏疏落落的棋子，除此之外，别无他物，意境深远。

后来有个人拿着这幅画来请当时的高僧苍雪大师题字。苍雪大师一看，马上提起笔来写道：

"松下无人一局残，空山松子落棋盘。

神仙更有神仙著，毕竟输赢下不完。"

这一首诗，以一个方外之人超然的心境，将所有人生哲学、历史哲学，一切的生命现象，都包括了。人生如同一局残棋，你争我夺，一来一往。就算是传说中的神仙，也有他们的执着，也有他们一个比一个的高明之处。这样一代一代，世世相传，"输赢"二字永远也没有定论的时候。

庄子也说："忘年忘义，振于无竟，故寓诸无竟。"庄子告诉我们天地间的道理，永远无穷尽。这个道理是什么呢？就是佛学中唯识学所讲的"流注生，流注住，流注灭"。研究唯识的道理，宇宙间的生命，连我们的思想文化也是一样，像一股流水，永远在流；我们看到这股流水在流，好像它永远无穷尽。黄河之水天上来，永远无穷无尽，大洋里头的海水永远无穷无尽。

其实不然！当我们第一眼看到那个流水的浪头时，那个水分子已经过去了，它永远不再回转回来，永远地过去了。所以在《论语》中，孔子也指示了这个道理。孔子在川上看流水，他告诉学生："逝者如斯夫，不舍昼夜。"他说你们看这个时间不断地过去，就像流水一样，永远地过去了，所以过去的不必回头。

年轻人听了不要说这样很消极，不是的，是叫你不要留恋在今天，要不断地前进。留恋今天，今天已经过去了。"不舍昼夜"，也就是"苟日新，日日新"，不断地前进，就是无竟的道理。无穷无尽，但不是灰心。因为无穷无尽，无量无边，所以修道、学佛的境界是不断地前进，不断地扩展，不断地伟大，不断地成就。

（选自《列子臆说》《老子他说》《庄子諵譁》）

清福比洪福还难享

中文有一句俗语"随遇而安",安与住一样,但人不能做到随遇而安,因为人不满足自己、不满足现实,永远不满足,永远在追求一个莫名其妙的东西。

理由可以讲很多,追求事业,甚至有些同学说人生是为了追求人生,学哲学的人说是为了追求真理。你说真理卖多少钱一斤?他说讲不出来价钱。真理也是个空洞的名词,你说人生有什么价值?这个都是人为的借口,所以在人生中,"随遇而安"就很难了。

例如,好几位学佛的老朋友在家专心修行不方便,与修行团体住一起又说住不惯。其实,他们是不能"随遇而安"而已!连换一个床铺都不行了,何况其他。实际上,床铺同环境真有那么严重吗?没有,因为此心不能安。所以环境与事物突然改变,我们就不习惯了,因为这个心不能坦然安住下来,这是普遍的道理。

走出世间是清净,走入世间是红尘。红尘滚滚,这个世界上、都市中,都是红尘。人世间为什么叫作红尘呢?唐朝的首都在西安,交通工具是马车,北方的红土扬起来,半空看见是红颜色的灰尘,所以称为红尘滚滚。

红尘里的人生,就是功名富贵,一般叫作享洪福。对皇帝用"洪福齐天",因为"洪"字不好意思写,就写个"鸿"字。其实"鸿"这个字不大好,虽然文学境界不错,但有骂人的味道!因为"鸿"像飞鸟一样飞掉了,那还有什么福啊?这个同音字用得不好,一般人不察觉也就用下去了。

清净的福叫作清福,人生洪福容易享,但是清福却不然,没有智慧的人不敢享清福。人到了晚年,本来可以享这个清福了,但多数人反而觉得痛苦,因为一旦无事可管,他就活不下去了。有许多老朋友到了享清福的时候,他硬是享死了,他害怕那个寂寞,那还怎么活啊!所以我常告诉青年同学,一个人要先养成会享受寂寞,那你就差不多了,可以了解人生了,才能体会到人生更高远的境界,这才会看到其实是厌烦洪福的。

明朝有一个人,每天半夜跪在庭院里烧香拜天。拜天,是中国的宗教,反正佛在天上,神、关公、观世音都在天上。管它西天、东天、南天、北天,都是天,所以他拜天,最划得来,只要一炷香,每一个都拜到了。这人拜了三十年,非常诚恳,有一夜感动了一位天神,天神显灵,站在了他面前,通身发亮、放光。还好，他没有吓倒，这个天神说："你日日夜里拜天，很诚恳，你要求什么快讲，我马上要走。"这个人想了一会儿，说："我什么都不求，只想一辈子有饭吃，有衣服穿，不会穷，多几个钱可以一辈子游山玩水，没有病痛，无疾而终。"天神听了说："哎哟，你求的这个，乃上界神仙之福；你求人世间的功名富贵，要官做得大，财发得多，都可以答应你，但是上界神仙之清福，我没法子给你。"

要说一个人一生不愁吃，不愁穿，有钱用，世界上好地方都逛遍，谁做得到？地位高了，忙得连听《金刚经》都没有时间，他哪里有这个清福呢？所以，清福最难。

（选自《金刚经说什么》）

第六章
修行的要义

我九十多岁了,还没找到一个真仙真佛

我发现大家有个错误观念,以为南怀瑾是个学佛打坐搞修道的人,想跟他学一点修身养性,如不能成仙成佛,也至少祛病延年。这个观念错了,不是这样一回事。

大家真的要学,就千万不要认为这一套是长生不老之学,什么健康长寿、成仙成佛,不要存这个希望。我活到九十多岁,一辈子都在找,也没有看到过仙佛。那么有没有这回事啊?有,但是找不到。

仙佛之道在哪里?

我的著作很多,大家要学修养身心,重点是两本书,请诸位听清楚,一本是《论语别裁》,讲圣贤做人、做事业的行为。书名叫作"别裁",是我客气谦虚,也是诚恳真话。我不一定懂得中国圣人之道的传统,不过是把我所了解的解释出来,其中有许多解释与古人不同,有的地方推翻了古人,很大胆,因此叫作"别裁",特别的个人心得。譬如一块好的布,裁缝把它一块一块裁剪了,重新兜拢做成衣服。我在序言里也

讲到，我不是圣贤，只是我个人所了解的中国文化，做人做事是这样的。所以你不管学佛修道，先读懂了《论语别裁》，才知道什么叫修行。

现在有个流行的名称叫"粉丝"，据说我有很多粉丝。其实都是假的，他们自欺欺人，我也自欺欺人，他们连《论语别裁》都没有好好看过、好好研究过。因为我这一本书出来，之后外面讲《论语》的多起来了，各个大学都开始讲《论语》，我也很高兴。

《论语》真正是讲圣贤做人做事的修养之道，也就是大成至圣先师孔子的内圣外王之道。孔子是中国的圣人，在印度讲就是佛菩萨，在外国就叫作先知，在道家叫作神仙。可是儒家传统只把大成至圣孔子看作一个人，不必加上神秘的外衣，他就是一个人。

另一本非常重要的是《原本大学微言》。要问打坐修行修养之道，《原本大学微言》开宗明义都讲到了。

大家都说向我求法，我也没有认为自己开悟得道了，也没有认为自己在弘扬佛法，也没有所谓的山门，也不收弟子，几十年都是如此。所有我所知道的，在书上都讲完了。你们自己读书发生这种见解，是你们自己上当受骗。

所谓"依法不依人,依了义经不依不了义经,依义不依语,依智不依识。"你们有何问题自己去研究经典,为何一定要找个人崇拜依赖呢?我从来不想做什么大师,不想收徒弟,也没有组织,更没有什么所谓"南门"。我一辈子反对门派、宗派,那是江湖帮会的习惯。

你们以为拜了老师就会得道?就会成佛?当面授受就有密法?就得道了吗?真是莫名其妙!口口声声求法度众生,自己的事都搞不清楚。先从平凡做人做事开始磨炼吧,做一份正当职业,老老实实做人,规规矩矩做事,不要怨天尤人,要反求诸己,磨炼心智,转变习气,才有功德基础。否则就成了不务正业,活在幻想的虚无缥缈中罢了。

修行重点首在转变心理习气,修习定力是辅助。人贵自立,早日自立,便早日自觉。功德够了,自己会开发智慧。

(选自《廿一世纪初的前言后语》《答覆"组团见南师"函》)

要运气顶好的时候放得下，才是修道

很多人都认为修行是第一，但因为生活没安排好，把修行摆到第五、第六位了。名望、事业、金钱、利害，乃至家庭、夫妻，这些都排在前面，反而把修行放到后面，一般人都如此。

我当年年轻，正飞黄腾达之时，为修行而放下一切，这个是很难的。所以，学道如牛毛，但真走这条路的人很少。真走这条路，要调整生活。我的一生，从二十几岁起，在声望最好时，为修道都放掉了。几十年来，很多升官发财的机会，一概不理。外面找我的人非常多，一概不理。我的书，那么一大堆，大多是同学们的听课记录。为了这个修行，我没有时间动笔写书。若放开的话，很多人来找，就没有时间修行了。

修道要什么时候修啊？要你精神好的时候修，你做得到吗？年轻时搞这一套，不肯干！像我是年轻时来干的，年轻时什么都不管，先来修道，年老了来吹牛。一般人不同啦，年轻时去吹牛，去忙事情，你叫他修道去，不去。等到要死了，所有精神消耗完了，却要赶快修道。那不是修道，那是养老啊！

大家什么时候打坐？白天太忙，事情忙完了洗把脸，快要睡觉时打坐，那不是打坐，那是要睡觉休息了！那时打坐又有什么用呢？然后说坐了三个月还没有功效！怎么没有功效？你没有死掉就是功效，这是很简单的事！所以修道要精神旺健时修。我常常说，真要打坐先去睡觉，睡够了精神好的时候再来打坐，使太阳流珠不外放，能够制伏得住，静得住，那个打坐才叫修道，叫静坐。你们累得不得了时打坐，那是在休息；病得不得了时再打坐，是想治病，你病不恶化已经功效很大了。老得没办法了学打坐，自己叫作修道，能慢一点死，那已经功效很大了。修道不是这样的啊。

有些人常说，运气不好去学佛、修道。我说佛和神仙不是倒霉人能修成功的呀！那是第一等不倒霉的人来干的啊！释迦牟尼不当太子、皇帝，所以他成了佛；吕纯阳功名不要了，才成仙。你倒霉透顶来学佛、修道，那叫倒霉佛、倒霉道。大家要搞清楚这个道理，这是真话。我常常说，大家要运气顶好的时候放得下修道，那才叫作修道。运气好，忙得不得了，谈修道？哎哟！慢一点啊，把这一点事情了了，把股票卖了，赚了钱我就来打坐。等你卖完了股票，是赚钱了，你的命也差不多了！这有什么用？这个道理就在此。

（选自《南怀瑾与彼得·圣吉》《我说参同契》）

人不自欺，天下无敌

《大学》讲："所谓诚其意者，毋自欺也。如恶恶臭，如好好色，此之谓自谦。故君子必慎其独也。"

我读古人笔记，看到明代有一个人，对于买卖古董的看法，说了特别高明的三句话。他说："任何一个人，一生只做了三件事，便自去了。自欺、欺人、被人欺，如此而已。"我当时看到，拍案叫绝。岂只是买卖古董，即使是古今中外的英雄豪杰，谁又不是如此。

人不自欺，几乎是活得没有人味。我们从生到死，今天、明天、大后天，随时随地，总觉得前途无量、后途无穷才有希望，才有意思。其实，那些无量、无穷的希望，都只是"意识"思想形态上的自我意境而已，可以自我陶醉，不可以自我满足。

再来看看南宋才人辛稼轩的词，他说："醉里挑灯看剑，梦回吹角连营。八百里分麾下炙，五十弦翻塞外声，沙场秋点兵。马作的卢飞快,弓如霹雳弦惊。了却君王天下事,赢得生前身后名。可怜白发生。"

在我少年时的某一阶段,正是前途如锦的时候,最喜欢读这首词。也许和辛稼轩深有同感,便早自抽身不做"自欺"的事了。人因为有"自欺",才会"欺人",最后当然要"被人欺"。换言之,人要自爱,才能爱人,最后自然可被人爱。也可以说,人要自尊,才能尊人,这样才能使人尊你。

那么,曾子所说的"诚意,毋自欺也",究竟是什么意思呢?你必须要先注意一个"毋"字,这个字,在古代是和"弗""勿""莫"通用的,等于现代语的"不可""不要"。"毋自欺",就是不要自己骗自己。

"意识",是"心"起理想作用的先锋。它旋转跳跃变化得非常快速,而且最容易作自我欣赏、自我陶醉、自我肯定或否定。它就在我们脑子里盘踞活动,发挥思想、理想、幻想等成千上万的作用。但它本身是把握不住的,想过了、用过了便溜了。它把好坏交给我们的"知性"去判断。它把种种影像收集归纳以后,又交给了"心"来安排收藏。

要使"意识"净化,除非你真做到"内明"反省的学问,随时留意它的活动,使它能"知止而定,定而后安,安而后静,静而后虑",才能得到真正的"诚意"境界。这里的"诚"字,是包括专一、安定、无私、明净的意义。

所以子思著《中庸》，便说："自诚明，谓之性。自明诚，谓之教。诚则明矣，明则诚矣。""诚者，自成也。"同样是发挥"诚意"的内涵。这是"内明"之学的精髓所在。

同样，我们平常生活中对人处事，也是这个"意识"的作用最为重要。但你如果对"内明"学养不到家，那被"意识"所"自欺"，或"欺人""受人欺"是势所必然，事所难免的。

因此，孔子特别指出外用方面就要做到"毋意、毋必、毋固、毋我"才好。换言之，在外用方面，孔子是教我们对人、对事的原则，不可随便任意妄为，不可认为必然如此，不可固执己见，不可认为非我不可，这都属于"意识"不自欺的警觉。因此，曾子开头便说："诚其意者，毋自欺也。"

譬如，人人都会埋怨被人骗了，其实，人不自骗，谁又能够骗了你呢？相传禅宗的初祖达摩大师初到中原，将要入山面壁的时候，有人问他："大师啊！你来中国的目的是做什么？"达摩大师便对他说："我要找一个不受人欺的人。"达摩大师才是真大师，人能先不自欺，才能不受人欺。

接着"毋自欺"之后，他便用两句譬喻的话说："如恶恶臭，如好好色。"好像人们对于一切事、一切东西的爱好和厌恶一样，当你真讨厌它的时候，就会立刻厌恶它，再也不会迷恋它。当你真喜爱它的时候，你必然会马上去爱它，再也不会舍弃它。同样的道理，当你明白了"意识"的颠倒反复，自己扰乱自心时，你就要"不自欺"，立刻舍弃"意识"的乱流，归到平静清明的境界，正如前文所讲的"知止而后有定"才对。

真能做到使意识、意念返还到明诚、明净的境界，那才叫作真正的"自谦"，这完全是靠自己的反观省察才能达到的境界。谦，并不是消极的退缩，它是崇高的平实。谦在《易经》中是一个卦名，叫作"地山谦卦"。它的画像，是高山峻岭伏藏在地的下面，也可以说，在万仞高山的绝顶之处，呈现一片平原，满目晴空，白云万里，反而觉得平淡无奇，毫无险峻的感觉。八八六十四卦，没有一卦是大吉大利的，都是半凶半吉，或者全凶，或是小吉。只有谦卦，才是平平吉吉。

古人有一副对联："海到无边天作岸，山登绝顶我为峰。"

看来是多么地气派、多么地狂妄。但你仔细一想，实际上它又是多么地平实、多么地轻盈。它描述的是由极其绚烂、繁华、崇高、伟大，而终归于平淡的写照。如果人们的学养能够到达如古人经验所得的结论——"学问深时意气平"，那便是诚意、自谦的境界了。

（选自《原本大学微言》）

天地之间有正气

我常说，对于孔孟形而上的道与形而下的用，尤其对于孟子的"浩然之气"了解得最为深刻、在行为上表现得最彻底的，南宋末代的文天祥要算是第一人。

他那首名垂千古的《正气歌》对浩然之气有很精彩的发挥，不但说出了孔孟的心法，更把佛家、道家的精神也表现出来了。宋朝自有理学创宗以来，修养最成功的结晶人物可以说就是文天祥了。他是中国理学家的光荣，他的学问修养是宋明理学的精神所在。

历来解释《孟子》的浩然之气，对"直养而无害，则塞于天地之间"解释得最好的，我认为就是文天祥《正气歌》的第一段，最为扼要精简。文天祥的学术思想，把宋明理学家们有时自相矛盾的"心气二元"直截了当地统一为"心气一元"。他认为宇宙生命的根本来源就在于气。这个气不是指我们呼吸之气的气，这个"气"字只是个代名词，一个代号而已。

《正气歌》一开始便说"天地有正气,杂然赋流形"。我们要注意这个"杂"字,"杂"就是"丛"的意思。古人的学问、著作都有所根据,哪怕是作首诗、填个词,所用的字都有依据。这里的"杂"字是由《易经》的观念变化而来,《易经》认为宇宙万有的关系是错综复杂的。错综复杂并不是说它乱,而是说条理很严谨,彼此之间都有层层的关联。我们平常一听到错综复杂,就想到乱,这是后世以讹传讹的错误。所以文天祥在《正气歌》里说"杂然赋流形",万物都由气的变化而来。形而下的万有就是形而上的本体功能的投影,叫作"正气",把儒家、佛家、道家的最高哲理都包括进去了。

　　他又接着说"下则为河岳,上则为日星"。他把宇宙分为两层,这也是仿照《易经》"天尊地卑,乾坤定矣"的观念而来。他把气也分为两种,一种是阴气,一种是阳气。我们不要一看到"阴阳"就觉得很玄奥,其实"阴阳"就好比我们现在数学上加和减的代号。阴阳二气的变化,就形成了我们这个物理世界。"下则为河岳",气之重浊者,也就是属阴的气,下凝成为形而下的地球物理世界,例如山川、草木等。"上则为日星",气之轻清者,也就是属阳的气,上升成为天空、日月星辰等万象。

　　下面一句他说"于人曰浩然,沛乎塞苍冥"。这气,对天地万物而言,总名为正气,对人而言,便叫它浩然之气,宇宙万有乃至人类，都是它所变的。这又是中国文化的特色。在中国文化里，人占着很重要的分量，因此有所谓"天、地、人"三才的说法。人和天、地是处于平等地位的，是同样伟大的。天地也常有缺陷，并不一定圆满，而生在天地间的人，却能运用智慧来弥补天地的缺陷，辅相天地，参赞化育。往往天所赋有的特点，不是地所具备的功能；而地所赋有的特点，又不是天所具备的功能。但是人却能运用智慧就当时的需要来截长补短，使天地二者沟通而调和。所以说，人可以辅相天地。

那么文天祥就说了"于人曰浩然"，这股正气在人的生命中，和在宇宙中一样，遵循二元一体的原理，分为两部分，一部分是物理的、生理的，一部分是精神的、心理的。这股正气到了人的生命中，才叫"浩然之气"。我们如果好好修炼，培养这股与生俱来的浩然之气，就可以发挥生命的功能，和宇宙沟通，所以说"沛乎塞苍冥"。

整个宇宙，包括人类，都与"正气"同体，都为"正气"所化；在人身上，则特别叫它为"浩然之气"。两个气名称不同，代表一体两用。

他这几句话，对"浩然之气"解释得比什么都好，翻开宋明理学家的著作，都没有他说得干脆利落、简单明了。我们由文天祥这一杰作的发挥，对于孟子"我善养吾浩然之气"

的"我"与"吾"两个字的意义也就更加清楚了。

那么我们要问:"文先生!既然你有浩然之气,应该不会被元朝敌人俘虏坐牢才对呀!"

其实他被关起来、被杀害,也正是浩然之气的发挥。他的《正气歌》接着列举了许多历史上的忠臣烈士,这也就是孟子所说的"以直养而无害",义所当为,赴汤蹈火在所不惜,该如何便如何,生死早就置之度外。

所以文天祥的《正气歌》最后便说:"顾此耿耿在,仰视浮云白。悠悠我心悲,苍天曷有极。哲人日已远,典刑在夙昔。风檐展书读,古道照颜色。"这说明"是气所磅礴,凛烈万古存",其中隐含的最高道理使人深思,同时描绘出一个智者踽踽独行的心境,何其苍凉悲壮、崇高伟大!

重点还是上面的几句话,尤其是"于人曰浩然,沛乎塞苍冥"。我们每一个人只要活着,就有这股浩然正气,这是生命本有的,只要肯下功夫,每个人都能够由博地凡夫,修养到天人合一的境界。

这是文天祥在苦难中体验出来的真理,他这牢狱中的三年太不简单了,他只要肯点头,元朝一定请他当宰相。他在宋朝的残破局面中,面临亡国时,到处奔走,只是个无权无势又无富贵可享的虚位宰相。他不向元人点头服从,就只有坐在牢里，面对着牛粪马尿、苍蝇蚊虫，但他就是硬不点头。忽必烈最后一次和他谈话时，他谢谢忽必烈对他人品才华的赏识，引为知己。但是他仍不肯点头，要求忽必烈成全他。到这个时候，忽必烈虽然爱惜他，却也气极了，答应他第二天行刑。这时他才站起来，作揖拜谢忽必烈的成全。这是何等的修养！何等的气象！这就是"沛乎塞苍冥"的浩然之气。

文天祥在刚被俘的途中，曾经服毒、投水，以图自杀，都没有成功。后来遇到一位异人，传给他大光明法，他当下顿悟，已了生死，所以三年坐牢，蚊叮虫咬，但他在那里打坐，一切不在乎。所以他说只要持心正气，一切的苦难都会过去，传染病都不会上身了，当然做元朝的宰相更算不了什么。

有些学佛、学道的朋友常常问念什么经、什么咒可以消灾免难、驱邪避鬼，我说最好是念文天祥的《正气歌》。可惜大家听了都不大相信，我也无可奈何！

（选自《孟子与公孙丑》）

降服焦虑的心法

知止、知足

老子说"知足不辱",教我们什么才是福气。真正的福气没有标准,福气只有一个自我的标准、自我的满足。

今天天气很热,一杯冰淇淋下肚,凉面半碗,然后坐在树荫底下,把上身衣服脱光了,一把扇子摇两下,好舒服!那个时候比冷气、电风扇什么的都痛快。那是人生知足的享受,所以要把握现实。现实的享受就是真享受,如果坐在这里,脑子什么都不想,人很清醒,既无欢喜也无痛苦,就是定境最舒服的享受。

不知足,是说人的欲望永远没有停止,不会满足,所以永远在烦恼痛苦中。老子所讲的"辱",与佛家讲的"烦恼"是同一个意义。

"知止不殆",人生在恰到好处时,要晓得刹车止步,如果不刹车止步,车子滚下坡,整个人就完了。人生的历程就是这样，要在恰到好处时知止。所以老子说，"功成、名遂、身退"。这句话意味无穷，所以知止才不会有危险。这是告诉我们知止、知足的重要，也不要被虚名所骗，更不要被情感得失所蒙骗，这样才可以长久。

乐天知命

"乐天知命"，是中国文化中对人生最高修养的一个原则。乐天就是知道宇宙的法则，合于自然；知命就是也知道生命的道理、生命的真谛，乃至自己生命的价值。这些都清楚了，"故不忧"，没有什么烦恼了。

所谓学易者无忧，因为痛苦与烦恼、艰难、困阻、倒霉……都是生活中的一个阶段；得意也是。每个阶段都会变去的，因为天下事没有不变的道理。等于一个卦，到了某一个阶段，它就变成另外的样子。就如乘电梯，到某一层楼就有某一层的境界，它非变不可。因为知道万事万物非变不可的道理，便能随遇而安，所以"乐天知命，故不忧"。

孔子说假使没有达到仁的境界，不仁的人，不可以久处约，约不是订一个契约，约的意思和俭一样。就是说，没有达到仁的境界的人，不能长期处在简朴的环境中。所以人的学问修养到了仁的境界，才能像孔子最得意的学生颜回一样，一箪食，一瓢饮，可以不改其乐，不失其节。换句话说，不能安处困境，也不能长期处于乐境。没有真正修养的人，不但失意忘形，得意也会忘形。到了功名富贵快乐的时候忘形了，这就是没有仁，没有中心思想。假如到了贫穷困苦的环境就忘了形，也是没有真正达到仁的境界。安贫乐道与富贵不淫都是很不容易的事，所以说："知者利仁。"如真有智慧，修养到达仁的境界，无论处于贫富之际，得意失意之间，都会乐天知命，安之若素的。

把心放空

我们的心，只有拳头那么大。这一件事情也装进来，那一件事情也装进来，装了多少事情！会迸开来的！什么事情这里一过就丢出去，永远丢出去，你一辈子就受用无穷了。其实这个就是道，心里不装事。

佛告诉须菩提："我告诉你，一个真正修行的人怎么修？'菩萨于法，应无所住'，就是这一句话。"

"应无所住，行于布施"，什么叫修行？念念皆空，随时丢，物来则应，过去不留；就算做了一件好事，做完了就没有了，心中不存。连好事都不存在心中，坏事当然不会去做了，处处行于布施，随时随地无所住。

譬如今天，有人批评你，骂你两句，你气得三天都睡不着觉，那你早住在那个气上了。今天有个人瞪你一眼，害你夜里失眠，你早住在人家那个眼睛上了。任何境界都无所住，我们看这一边，那一边就如梦一样过去了，没有了；回头看另一边，这一边做梦一样就过去了。但是我们做不到无所住，我们永远放不下，小狗没有喂啦！老爷没有回来啦……这一切都不要去管它，"应无所住，行于布施"，布施就是统统放下。

所以人生修养到这个境界，就是所谓的如来，心如明镜，此心打扫得干干净净，没有主观，没有成见，物来则应。事情一来，这个镜子就反映出来，今天喜怒哀乐来，就有喜怒哀乐，过去不留，一切事情过去了就不留。

宋朝大诗人苏东坡是学禅的，他的诗文境界高，与佛法、禅的境界相合。他有个名句："人似秋鸿来有信，事如春梦了无痕。"

这是千古的名句，因为他学佛，懂了这个道理。"人似秋鸿来有信"，苏东坡要到乡下去喝酒，去年去了一个地方，答应了今年再来，果然来了。"事如春梦了无痕"，一切的事情过了，像春天的梦一样，人到了春天爱睡觉，睡多了就梦多，梦醒了，梦留不住，无痕迹。人生本来如大梦，一切事情过去就过去了，如江水东流，一去不回头的。老年人常回忆，想当年我如何如何……那真是自寻烦恼，因为一切事不能回头的,像春梦一样了无痕的。

　　人生真正体会到"事如春梦了无痕",就不需要再研究《金刚经》了。应如是住,如是降伏其心,这个心无所谓降,不需要降。烦恼的自性本来是空的,所有的喜怒哀乐、忧悲苦恼,当我们在这个位置上坐下来的时候,一切都没有了,永远拉不回来了。

(选自《老子他说》《易经系传别讲》《论语别裁》
《我说参同契》《金刚经说什么》)

晚年如何安顿

从前一些读书人，到了晚年退休在家，写字、作诗、填词，一天到晚忙得不得了，好像时间不够用。而现在的人，退休下来，或者老伴不在身边了，儿女长大飞了，感到非常空虚落寞。

有一位大学教授，在六十岁后就有这样的感觉，他又不信仰任何宗教，我劝他作诗。他说不会，我说可以速成，保证一个星期以后就会作，不过是易学难精。后来他果然对作诗有了兴趣。如今已七十多岁，居然出了一本诗集，现在可够他打发余年的了。所以中国这个作诗的修养很有用。而且不会见人就发牢骚，有牢骚也发在诗上面，在白纸上写下了黑字，自己看看，就把牢骚发完了，心中还能有所得。

音乐和诗歌，用现代话来说，就是艺术与文学的糅合。过去的知识分子，对艺术和文学方面的修养非常重视。自汉唐以后，路线渐狭，由乐府变成了诗词。人生如果没有一点文学修养的境界，是很痛苦的，尤其是从事社会工作、政治工作的人，精神上相当寂寞。

后世的人，没有这种修养，多半走上宗教的路子。但纯粹的宗教里的那种拘束也令人不好受。所以只有文学、艺术与音乐比较适合。但音乐领域对于到了晚年的人，声乐和吹奏的乐器就不合用了，只有用手来演奏的乐器，像弹琴、鼓瑟才适合。因此，后来在中国演变而成的诗词，便有音乐的意境，而又不需要引吭高歌，可以低吟慢唱，浸沉于音乐的意境，陶醉于文学的天地。

最近发现许多年纪大的朋友退休了，儿子也长大飞出去了，自己没事做，一天到晚无所适从，打牌又凑不齐人。所以我常劝人还是走中国文化的旧路子，从事文学与艺术的修养，会有安顿处。

几千年来，垂暮的读书人一天到晚忙不完，因为学养是永无止境的。像写毛笔字，这个毛笔字写下来，一辈子都毕不了业，一定要说谁写好了很难评断。而且有些人写好了，不一定能成为书法家，只能说他会写字，写得好，但对书法——写字的方法不一定懂。有些人的字写得并不好，可是拿起他的字一看，就知道学过书法的。诗词也是这个道理。

所以几千年来的老人，写写毛笔字、作作诗、填填词，好像一辈子都忙不完。而且在他们的心理上，还有一个希望在支持他们这样做，他们还希望自己写的字、作的诗词永远流传下来。一个人尽管能活到八九十岁,但年龄终归是有极限的,反倒是自己写的字、作的诗词能流传下来,使自己的名声流传后世,这是没有时间限制的,是永久性的。因此,他们的人生活得非常快乐,始终满怀着希望和进取之心。以我自己来说,也差不多进到晚年,可是我发现中年以上、四五十岁的朋友,有许多人心情都很落寞,原因就是精神修养上有所缺乏。

(选自《论语别裁》)

修养的层级

孟子的学生浩生不害——古代人的名字四个字、五个字的都有，那个时候姓氏还没有统一——问曰："乐正子，何人也？"

孟子说："善人也，信人也。"这个人学问修养很高的，他是个好人，是个善人，是个信人。不过他讲的善与信，不是我们现在的观念，而是如同佛教讲菩萨有几个层次。孟子这里讲，修养做功夫的道理分好几层。他答复浩生不害说，乐正子这个人，是个善人、信人，层次在这两步功夫之间。

浩生不害又问了："何谓善？何谓信？"

孟子就讲了："可欲之谓善，有诸己之谓信，充实之谓美，充实而有光辉之谓大，大而化之之谓圣，圣而不可知之之谓神。"

"可欲之谓善"，第一个阶段；"有诸己之谓信"，第二个阶段；"充实之谓美"，第三个阶段；"充实而有光辉之谓大"，第四个阶段；"大而化之之谓圣"，第五个阶段；"圣而不可知之之谓神",第六个阶段。

"乐正子,二之中,四之下也。"孟子接着对浩生不害说。你刚才问的乐正子这个人,二之中,在善与信之间,只到这个程度,四之下,还没有达到。

什么叫"可欲之谓善"?比如有人天天喜欢打个坐,拿个念佛珠,然后一边念佛一边骂人家"笨蛋啊",两个连起来其实是没有关系的,但至少他觉得对念佛这个事情非常喜欢了。可以说走上这条路,他有欲望了,爱好这个,就对别的坏事不关心了,只向这个路上走。

但是呢,他这个修养,没有改变他的身心。他功夫还没有修到身上来,还没有"有诸己"。所以修道家的,修佛家的,做功夫有一句话,叫作"功夫还没有上身",儒家叫作气质的变化还太慢。这个气质是科学!这个气质就是生命的每一个细胞、每一个筋骨的变化。所以修养到了的,孟子讲"善养吾浩然之气,而充塞于天地之间",那是真的!不是普通的练气功!

这些功夫一步一步到了,气质变化了,叫"有诸己",这个"己"是自己,到身上来,功夫上身了。譬如我们讲,打坐不算什么,打坐是生活的一个姿势,没有什么了不起。你不要看和尚、道士闭眼打坐,那是吃饱了饭没有事。

我说人生最好是打坐,这个事情呢,两个腿是自己的,眼睛休息了,坐在那里不花本钱,人家还来拜你,说你有道,你看这个生意多好嘛!一毛钱不花,冒充大师。可是真的功夫就难了,要上身才行,身心才有变化,所以说"有诸己之谓信"。

然后,第三步是"充实之谓美"。怎么叫充实?这个里面问题大了。以道家来讲,就是"还精补脑,长生不老"了。认识的一些朋友,男的女的好几个,都是经常练瑜伽的,身体都变化了,也变年轻了,有病的变没病了。练内功这一套,身体也会转变。转变到最后,这个身体的生命变充实了,这种充实才叫作"美"。是真正的内在之美,不是外形的。

然后呢,"充实而有光辉之谓大",这就很神妙了。有些学佛修道的,做起功夫来,修养到了,内在、外在放出光明来。《庄子》有句话很难懂了——"虚室生白,吉祥止止"。《千字文》也引用这句话,叫作"虚堂习听"。你坐在一个空的房间里,电灯都关了,黑暗中,修养到高明处,一下亮了,内外光明什么都看见了,就是"虚室生白,吉祥止止"。修养的功夫到了这一步,大吉大利。并不是到家哦!是很吉祥了。"止止",真正宁定的宁定,真正得了一种宁定的修养,这就是孟子讲的"充实而有光辉之谓大"。

"大而化之之谓圣",唉,这就很难讲了。这是圣人的境界,可以神通变化了。佛家讲罗汉、菩萨,儒家叫圣贤,道家叫神仙,总而言之,统统叫作"圣"。圣到什么程度呢?"圣而不可知之之谓神",是成仙成佛。

(选自《南怀瑾讲演录:2004—2006》)

修行者的画像

老子说:"古之善为士者,微妙玄通,深不可识。夫唯不可识,故强为之容。豫兮若冬涉川,犹兮若畏四邻,俨兮其若容,涣兮若冰之将释,敦兮其若朴,旷兮其若谷,浑兮其若浊。孰能浊以静之徐清,孰能安以动之徐生。保此道者不欲盈。夫唯不盈,故能蔽不新成。"

上古时代所谓的"士",并非完全同于现代观念中的读书人,"士"的原本意义,是指专志道业,是真正有学问的人。一个读书人,必须在学识、智慧与道德的修养上,达到身心和谐自在,世出世间法内外兼通的程度,符合"微妙玄通,深不可识"的原则,才真正够资格当一个"士"。

以现在的社会来说,作为一个士,学问、道德都要精微无瑕到极点。如同孔子在《易经》中所言:"絜静精微。""絜静",是说学问接近宗教、哲学的境界。"精微",则相当于科学上的精密性。道家的思想,亦从这个"絜静精微"的体系而来。

所以老子说:"古之善为士者,微妙玄通。"意思是说精微到妙不可言的境界,絜静到冥然通玄的地步,便可无所不知,无所不晓了。而且,"妙"的境界勉强来说,万事万物皆能恰到好处,不会有不良的作用。正如古人的两句话:"圣人无死地,智者无困厄。"一个大圣人,再怎么样恶劣的状况,无论如何也不会走上绝路。一个真正有大智慧的人,根本不会受环境的困扰,反而可以从重重困难中解脱出来。

"玄通"二字,可以连起来解释,如果分开来看,那么"玄之又玄,众妙之门"。这正是老子本身对"玄"所下的注解。更进一步来说,即是万物皆可以随心所欲,把握在手中。道家形容修道有成就的人为"宇宙在手,万化由心"。意思在此。一个人能够把宇宙轻轻松松地掌握在股掌之间,万有的千变万化由他自由指挥、创造,这不是比上帝还要伟大吗?

至于"通",是无所不通达的意思,相当于佛家所讲的"圆融无碍"。也就是《易经·系辞传》所说的:"变动不居,周流六虚。""六虚",也叫"六合",就是东、南、西、北、上、下,凡所有法,在天地间都是变幻莫测的。以上是说明修道有所成就,到了某一阶段,便合于"微妙玄通,深不可识"的境界。

因此老子又说:"夫唯不可识,故强为之容。"一个得道有所成就的人，一般人简直没有办法认识他，也没有办法确定他，因为他已经圆满和谐，无所不通。凡是圆满的事物，无论站在哪一个角度来看，都是令人肯定的，没有不顺眼的。若是有所形容，那也是勉勉强强套上去而已。

接着老子就说明一个得道人所应做到的本分，其实也是点出了每个人自己该有的修养。换句话说，在中国文化道家的观念里，凡是一个知识分子，都要能够胜任每一件事情。再详加研究的话，老子这里所说的，正与《礼记·儒行》所讲的上古时一个读书人的行为标准相符。不过《老子》这一章中所形容的与《礼记·儒行》的说辞不同。以现在的观念来看，《礼记·儒行》的描写比较科学化、有规格。道家老子的描写则偏向文学性，在逻辑上走的是比喻路线，详细的规模由大家自己去定。

"豫兮若冬涉川"，一个真正有道的人，做人做事绝不草率，凡事都先慎重考虑。"豫"，有所预备，也就是古人所说的"凡事豫立而不劳"。一件事情，不经过大脑去研究，便贸然下决定，冒冒失失地去做、去说，那是一般人的习性。

"凡事都从忙里错，谁人知向静中修。"学道的人，因应万事，要有非常从容的态度。做人做事要修养到从容豫逸，"无为而无不为"。"无为"，表面看来似没有所作所为，实际上，却是智慧高超，反应迅速，举手投足之间，早已考虑周详，事先早已下了最适当的决定。看他好像一点都不紧张，其实比谁都审慎周详，只因为智慧高，转动得太快，别人看不出来而已。并且，平时待人接物，样样心里都清清楚楚，一举一动毫不含糊。这种修养的态度，便是"豫立而不劳"的形相。

这也正是中国文化的千古名言，也是颠扑不破、人人当学的格言。如同一个恰到好处的格子，你无论如何都没有办法违越，它本来就是一种完美的规格。

但是"豫兮"又是怎样的"豫"法呢？答案是"若冬涉川"。这句话在文字上很容易懂，就是如冬天过河一样。可是冬天过河，究竟是什么样子？在中国南方不易看到这类景象，要到北方才体会得出来个中滋味。冬天黄河水面结冰，整条大河可能覆盖上一层厚厚的冰雪。不但是人，马车、牛车等各种交通工具也可以从冰上跑过去，但是千万小心，有时到河川中间，万一踏到冰水融化的地方，一失足掉下去便没了命。

古人说"如临深渊，如履薄冰"，正是这个意思。做人处事，必须要小心谨慎、战战兢兢的。虽然"艺高人胆大"，本事高超的人，看天下事，都觉得很容易。如果是智慧平常的人，反而不会把任何事情看得太简单，不敢掉以轻心，而且对待每一个人，都当作比自己高明，不敢贡高我慢。所以，老子这句话说明了，一个有修为的人，必须时时怀着好比冬天从冰河上走过，稍有不慎，就有丧失生命的危险，加以戒慎恐惧。

接着，老子又举了另外一个比喻——"犹兮若畏四邻"，来解释一个修道者的思虑周详，慎谋能断。"犹"是猴子之属的一种动物，和狐狸一样，它要出洞或下树之前，一定先把四面八方的动静看得一清二楚，才敢有所行动。这种小心翼翼的特点，也许要比老鼠伟大一点。我们形容为做事胆子很小，畏畏缩缩，没有信心而犹豫不决。另有一句谚语，便是"首鼠两端"。这句话的含义和犹豫不决差不多。只要仔细观察老鼠出洞的模样，便会发现，老鼠往往刚爬出洞几步，左右一看，马上又迅速转头退回去了。它本想前进，却又疑神疑鬼，退回洞里，等一会儿，又跑出来，可是还没多跑几步路，又缩回去了。如此，大概需要反复几次，最后才敢冲出去。"犹"这种动物也一样，它每次行动，必定先东看看、西瞧瞧，等一切都观察清楚，知道没有危险，才敢出来。

这是说，修道的人在人生的路程上，对于自己，对于外界，都要认识得清清楚楚。"犹兮若畏四邻"，如同犹一样，好像四面八方都有情况，都有敌人，心存害怕，不得不提心吊胆，小心翼翼。就算你不活在这个复杂的社会里，或者只是单独一个人走在旷野中，总算是没有敌人了吧！然而这旷野有可能就是你的敌人，走着走着，说不定你便在这荒山野地跌了一跤,永远爬不起来。所以,人生在世就要有那份小心。

"俨兮其若容",表示一个修道的人,待人处事都很恭敬,随时随地绝不马虎。子思所著的《中庸》,其中所谓的"慎独",恰有类同之处。一个人独自在夜深人静的时候,虽然没有其他的外人在,却也好像面对祖宗、面对菩萨、面对上帝那么恭恭敬敬,不该因独处而使行为荒唐离谱,不合情理。

《礼记》中第一句话是"毋不敬,俨若思",真正礼的精神,在于自己无论何时何地皆抱着虔诚恭敬的态度。处理事情,待人接物,不管做生意也好,读书也好,随时对自己都很严谨,不荒腔走板。"俨若思",俨是形容词,非常自尊自重,非常严正、恭敬地管理自己。胸襟气度包罗万物,人格宽容博大,能够原谅一切,包容万汇,便是"俨兮其若容",雍容庄重的神态。这是讲有道者所当具有的生活态度,等于是修道人的戒律,一个可贵的生活准则。

上面所谈的,处处提到一个学道人应有的严肃态度。可是这样并不完全,他更有洒脱自在、怡然自得的一面。究竟洒脱到什么程度呢?"涣兮若冰之将释"。春天到了,天气渐渐暖和,冰山雪块遇到暖和的天气就慢慢融化、散开,变成清流,普润大地。我们晓得孔子的学生形容孔子"望之俨然,即之也温",刚看到他的时候,个个怕他,等到一接近相处时,倒觉得很温暖、很亲切。"俨兮其若容,涣兮若冰之将释",就是这么一个意思。前句讲人格之庄严宽大,后句讲胸襟气度之潇洒。

不但如此,一个修道人的一言一行,一举一动,"敦兮其若朴",也要非常厚道老实,朴实不夸。像一块石头,虽然里面藏有一块上好的宝玉,或者金刚钻一类的东西,但没有敲开以前,别人不晓得里面竟有无价之宝。表面看来,只是一个很粗陋的石块。或者有如一块沾满灰泥,其貌不扬的木头,殊不知把它外层的杂物一拨开来,便是一块可供雕刻的上等楠木,乃至更高贵、更难得的沉香木。若是不拨开来看,根本无法一窥究竟。

至于"旷兮其若谷",则是比喻思想的豁达、空灵。修道有成的人,脑子是非常清明空灵的。如同山谷一样,空空洞洞,到山谷里一叫,就有回声,反应很灵敏。为什么一个有智慧的人反应会那么灵敏?因为他的心境永远保持在空灵无着之中。心境不空的人,便如庄子所说"夫子犹有蓬之心也夫",整个心都被蓬茅塞死了,等于现在骂人的话:"你的脑子是水泥做的,怎么那样不通窍?"整天迷迷糊糊,莫名其妙,岂不糟糕!心中不应被蓬茅堵住,而应海阔天空,空旷得纤尘不染。道家讲"清虚",佛家讲"空",空到极点,清虚到极点,这时候的智慧自然高远,反应也就灵敏。

其实，有道的人是不容易看出来的。老子说过："和其光，同其尘。"表面上给人看起来像个"混公"，大浑蛋一个，"浑兮其若浊"，昏头昏脑，浑浑噩噩，好像什么都不懂。因为真正有道之士，用不着刻意表示自己有道，自己以为了不起。用不着装模作样，故作姿态。本来就很平凡，平凡到浑浑浊浊，没人识得。

这是修道的一个阶段。依老子的看法，一个修道有成的人，是难以用语言文字去界定他的。勉强形容的话，只好拿山谷、朴玉、释冰等意象来象征他的境界，但那也只是外形的描述而已。

（选自《老子他说》）

第七章

人生的境界

天人合一的生命观

《列子》中说:"太古神圣之人,备知万物情态,悉解异类音声。会而聚之,训而受之,同于人民。故先会鬼神魑魅,次达八方人民,末聚禽兽虫蛾。言血气之类,心智不殊远也。神圣知其如此,故其所教训者,无所遗逸焉。"

"太古神圣之人",他说上古的上古,就是最初的最初,刚刚建立起来的人类社会,那些祖先,我们称他们在人神之间。上次提到过,譬如伏羲、女娲,人的面孔,蛇的身体,各种各样。那时这些神圣之人,"备知万物情态",等于佛经里说佛能够知道一切众生的心理。"悉解异类音声",完全了解异类的各种声音,连讲话都懂。

"会而聚之",上古的人能够了解生物一切的音声,也晓得它们的意思、它们的心理。所以人跟生物相处得很好,"训而受之,同于人民",乃至领导它们,都住在一起。因此他说我们的老祖宗们，最初的那个所谓盘古——后人认为是假想的，天皇氏、地皇氏、人皇氏，这叫三皇，他们都同鬼神相通。一直到大禹治水时，历史上记载还有很多鬼神都来帮忙，"故先会鬼神魑魅"，魑魅魍魉，在后世的佛学就叫作非人。他说我们上古老祖宗们，能够跟生物打成一片，而且跟鬼神相通，也能指挥它们。

然后"次达八方人民"，人与非人之间能够沟通，所以到达八方，东、南、西、北加上四个角，共八方的人类都能够会聚在一起。同时"末聚禽兽虫蛾"，乃至一切有生命的生物都可以沟通，因为懂得它们的语言。

"言血气之类，心智不殊远也"，总而言之，这个历史的资料告诉我们，结论在这个地方，凡是宇宙间的生物，有血有肉的，思想和智慧差距不会太远。我们不要看到生物就说没有智慧，一条鱼啊、一条虫啊，都有它的语言、有它的心态。所以佛说一切众生平等，这里说心智不会差得太远。

因为我们上古老祖宗懂这个道理，"神圣知其如此"，所以能够教育它们，而且生物都听他们指挥，"无所遗逸焉"，因此也能够爱护、保护它们，它们也没有跟人类分开。这就是我们《易经》所提到的"方以类聚，物以群分"，所以人类不过是生物界的一类。现在人类自己认为最高明，不断消灭其他类的生命，以致战争连连，就因为我们千万年来消灭其他的生命太多了，人类应该受一点报应。

这一段的道家思想，我们看出来很多问题，拿现在的观念来讲，认为一切的生物有它的语言，有它的生态，只是我们后世人不懂。但是我们祖先们都懂，而且认为一切的生物也懂得修道，也有自己的秩序。我们人的秩序建立叫伦理学，就是人伦。假使一群牛在一起，没有受过人伦的教育，可是牛群也有秩序，应该叫牛的文化，也就是牛的伦理学。所以我们常说人类自己号称万物之灵，那是自己吹牛的话，那些牛猪鸡鸭啊，看我们人是坏透了，专门吃它们的。

所以我们在这一段里可以看出来，第一点，古人对生物的了解、对待是非常科学的，在今天这个时代看来最进步的道理，其实古人早就知道了。虽然没有现在科学家研究生物研究的那么详细啰唆，不过大原则始终没变。第二点，我们可以看出在东方文化中，《列子》这一段比后来的佛学讲得还明白透彻。第三点，众生平等，这里没有用口号，而是拿事实来说明。而且最明显的，是说明这些生物跟人的智慧是相通的，虽然有层次的差别，但不会太远。第四点，生物与人一样，知道摄生，要求自己生命延长存在，是自然地养生。这是中国文化里特殊的，也就是说，生命的道理是生生不已。

第五点,这里也说明每个生物都晓得修道,晓得保护自己。人修道就是为了保护自己,使自己活得好,活得长久,没有病,不会死亡。我们中国民间小说文化里,狐狸啊、狗啊可以成精啦!我们人类叫它们妖怪。其实那是动物修道修得的成果。所以我们人类太傲慢,看到其他生命修道成功了,说那是妖怪,我们人修道成功就是仙佛,其实也是妖怪。所以有关中国文化的很多书籍,要用智慧的头脑去看才会了解。

几百年来科学的进步,不能说不令人佩服,现在我们接受的都是科学给我们的方便和好处。物质文明的发展固然好,但是一个哲学的领导统帅如果在大原则上出了问题,会引起很大的灾难。所以人类未来的灾难,也就将是因科学文明更发达而引起的。

(选自《列子臆说》)

如何理解生死

《易经·系辞传》中说:"生生之谓易,成象之谓乾,效法之谓坤。"

"生生之谓易"这句话最重要了!中西方文化的不同点,可从《易经》文化"生生"两个字中看出来。《易经》的道理是生生,也只有《易经》文化才能够提得出来,西方没有。我们研究西方文化——基督教、天主教,《旧约》《新约》,伊斯兰教的经典,乃至佛教的经典也一样,一切宗教只讲有关死的事,都鼓励大家不要怕死。只有中国《易经》文化说"一阴一阳之谓道",死是阴的一面,也在道中;生是阳的一面,也在道中。

一切宗教都是站在死的一头看人生,所以看人生都是悲观的,看世界也是悲惨的。只有《易经》的文化,看人生是乐观的,永远站在天亮那边看。你说今天太阳下山了,他看是夕阳无限好,只是近黄昏,过十二个钟头,太阳又从东边上来了。这种生生不已，永远在成长、成长、成长……

老子说"出生入死"，出来就叫作生，进去就叫作死，在文字上解释"出生入死"，就是这个意思。后来用之于兵法，打仗时在敌人的阵地里进进出出，称作"出生入死"。文字很清楚，道理就是中国远古的哲学源流对于生死的看法，对生死的一种观念。所谓生死问题，在其他的宗教里，包括佛教在内，或为重大的问题，但在中国文化中，自几千年以前流传下来的观念，是不把生死看成问题的。

所以尧、舜跟大禹都认为"生者寄也，死者归也"。人生在这个世界上，是做客人寄住的，像住旅馆一样，所以在文学上有李白的"夫天地者，万物之逆旅也；光阴者，百代之过客。而浮生若梦，为欢几何？"的名句，都是来自这种思想。人生下来是寄住在这世间，死掉就是回去了。所以在文学上有李白的"夫天地者，万物之逆旅也；光阴者，百代之过客。而浮生若梦，为欢几何"的名句，都是来自这种思想。

老子说，"出生"就是通乎昼夜之道。"出"就是生，"入"进去了，等于演话剧一样，从后台到了前台，就看到有几个人在那里演起戏来，等他演完这一幕进去了，台上还是空空的。其实人并没有死，不过是进去了而已，人生境界就是如此。

老子非常简单地说明了"出生入死",就是在一进一出之间,也是一增一减、一来一去,所以没有什么严重。

我们先了解这个前提,然后再看他算细账。"生之徒十有三","徒"就是途,人活在这个世界上,有十分之三的把握是可以活下去的。"死之徒亦十有三",从死这一面看世界,有十分之三的机会是会死的。所以,死的机会也是十分之三,活的机会也有十分之三。这个十分之三,就是生命活着的那个生的力量。

"人之生,动之死地亦十有三",一个人生活在世界上,总要有规律地活动;由于在动,就可以向死的这一面搭配,也可以向生的这一面搭配。可是人的活动,常因为自己的知识、聪明而乱动,反而使自己的生命走到死之途了。如果我们动之"生"地,生命的活动有益于生的话,那生的机会便增为十分之六。如果把三样加起来,十分之三的机会是生,十分之三的机会是死掉,十分之三的机会都在动中,一共是十分之九了,还剩一分。

剩下的一分老子不谈,因为这是生命的本有,这个本有就是老子说的"载营魄抱一,能无离乎?"这是道,是生命的根源,他的代号就叫作"一"。

这一段是讲生命之源,也告诉我们人出是生,进去是死。作为一个人,自己该有一个人生境界,人老了就怕没有一个内在的精神修养，无依皈之处，那么活着的时候，便"动之死地亦十有三"，拼命地向死路上去消耗，而美其名为人生的责任。其实到了某一个时候，责任不责任没有什么关系，反正是对自己的兴趣没有放弃，仍然"动之死地"而已。可惜的是，忘记了生命是可以自己把握的。

"夫何故？"他说什么理由呢？"以其生生之厚"，天地宇宙给予人的生命，给予万物生命，它生的力量比死的力量大。生死两头各自的力量占十分之三，另有十分之三则在动。但是动的方向，或向生的方向动，或向死的方向动，要看各人自己。这中间有一分，这一分最重要，是你自己可以做主的。

中国近代从西方翻译过来一个名词，叫作"卫生"，意思是保卫这个生命。保卫生命好像是消极一点，只是防御而已；道家则讲"养生"，"养生"应该比"卫生"好，是有积极意义的。但是老子的道理远不止养生，更要"摄生"，"摄"字是自己把握住，这就不止养生了。所以，成仙成佛完全操之在我，自己可以做主。这个"摄生"的名词，就是说明修道的人，把握得住自己的生命，也做得了主。因此善于摄生的人，就是后世道家所讲的神仙境界，这些人修道能够修养身心性命，达到神仙的境界。

人在死去之后，跟着死亡的只是生命本能的物质作用而已，而生命内在的本能并没有发动，所以一个人可以自己发动内在本能，再创生命的作用。这是道家所说的，在理论上是可以长生不死的，但是，只有善于摄生的人，才有这个本事。

（选自《易经系传别讲》《老子他说》）

梦幻泡影是真的吗

《金刚经》最后的四句偈说:"一切有为法。如梦幻泡影。如露亦如电。应作如是观。"

有为法与无为相对,无为就是涅槃道体,形而上道体。实相般若就是无为法,证到道的那个是无为,如如不动;有为的是形而下万有,有所作为。一切有为法如梦一样、如幻影一样,电影就是幻。泡是水上的泡沫,影指灯影、人影、树影等。佛经上譬喻很多,梦幻泡影、水月镜花、海市蜃楼、芭蕉,又如犍达婆城,就是海市蜃楼,如阳焰,就是太阳里的幻影等。

年轻的时候学佛,经常拿芭蕉来比,我说芭蕉怎么样?"雨打芭蕉,早也潇潇,晚也潇潇。"这是古人的一首诗,描写一个教书的人,追求一位小姐,这位小姐窗前种了芭蕉,这个教书的就在芭蕉叶上题诗说:"是谁多事种芭蕉,早也潇潇,晚也潇潇。"风吹芭蕉叶的声音,沙沙沙……吵得他睡不着，实际上，他是在想那位小姐。那位小姐懂了，拿起笔也在芭蕉叶上答复他："是君心绪太无聊，种了芭蕉，又怨芭蕉。"是你自己心里作鬼太无聊，这个答复是对不住，拒绝往来。

我们说芭蕉，难道佛也晓得这个故事吗？不是的，这是中国后来的文学，砍了一棵芭蕉，发现芭蕉的中心是空的，杭州话，空心大老倌。外表看起来很好看，中间没有东西。所以这几个譬喻梦幻泡影等都是讲空，佛告诉我们，世间一切事都像做梦一样，是幻影。

二十年前的事，现在回想一下，像一场梦一样，对不对？对！梦有没有啊？不是没有，不过如做梦一样。当你在做梦的时候，梦是真的。等到梦醒了，眼睛睁开，哎呀，做了一场梦！要晓得，我们现在就在做梦啊！现在我们大家做听《金刚经》的梦！真的啊！你眼睛一闭，前面这个境界、这个梦境界就过去了，究竟这个样子是醒还是梦？谁敢下结论？没有人可以下结论。你一下结论就错了，就着相了。

幻也不是没有，当幻存在的时候，幻就是真，这个世界也是这样。这个物理世界的地球也是假的，它不过是存在了几千万亿年而已！几千万亿年与一分一秒比起来，是觉得很长，如果拿宇宙时间来比，几千万亿年弹指就过去了，算不算长呢？也是幻呀！水上的泡泡是假的、真的？有些泡泡还存在好几天呢！这个世界就是大海上面的水泡啊！我们这个地球也是水泡，你说它是假的吗？它还有原子，还有石油从地下挖出来呢！那都是真的呀！你说它是真的吗？它又不真实永恒地存在！它仍是幻的。你说影子是真是假？电影就是影子，那个明星林黛已经死了，电影再放出来，一样会唱歌、会跳舞，李小龙一样打得劈里啪啦的。所以《金刚经》没有说世界是空的，可是它也没有说是有的，空与有都是法相。

所以研究了佛经，说《金刚经》是说空的，早就错得一塌糊涂了。它没有说一点是空的，它只说"一切有为法，如梦幻泡影"。梦幻泡影是叫你不要执着，不住，并没有叫你空不空。你如果说空是没有，《金刚经》说"于法不说断灭相"，说一个空就是断灭相，同唯物的断见思想是一样的，那是错的。

当梦幻来的时候，梦幻是真，当梦幻过去了，梦幻是不存在的；但是梦幻再来的时候，它又俨然是真的一样。只要认识清楚，现在都在梦幻中，此心不住，要在梦幻中不取于相，如如不动，重点在这里。

当你在梦中时要不着梦之相；当你做官的时候，不要被官相困住了；当你做生意的时候，不要被钞票困住了；当你要儿女的时候，这个叫爸爸，那个叫妈妈，不要被儿女骗住了；要不住于相，如如不动，一切如梦幻泡影。

"如露亦如电"，早晨的露水也是很短暂的，很偶然地凑合在一起，是因缘际会，缘起性空。因为性空，才能生缘起，所以说如露亦如电。你说闪电是没有吗？最好不要碰，碰到它会触电，但是它闪一下就没有了。

很多人念完《金刚经》，木鱼一放，叹口气：唉！一切都是空的。告诉你吧！一切是有；不过"一切有为法，如梦幻泡影，如露亦如电，应作如是观"。这是方法，你应该这样去认识清楚，认识清楚以后怎么样呢？"不住于相，如如不动。"这才是真正地学佛。

有许多年轻人打坐，有些境界发生，以为着魔了。其实没有什么魔不魔！都是你唯心作用，自生法相。你能不取于相，魔也是佛；着相了，佛也是魔。所以，"一切有为法。如梦幻泡影。如露亦如电。应作如是观。"这就是最好的说明。

（选自《金刚经说什么》）

澄澈到底，做一个自然人

老子说的"绝学"就是不要一切学问，什么知识都不执着，人生只凭自然。

古人有言："东方有圣人，西方有圣人，此心同，此理同。"就是说真理只有一个，东西方表达的方式不同。佛学未进入中国时，"无学"的观念尚未在中国弘扬，老子就有"绝学"这个观念了。后来佛家用"无学"来诠释老子的"绝学"，颇有相得益彰之效。

修道成功，到达最高境界，任何名相、任何疑难都解决了，看透了，"绝学无忧"，无忧无虑，没有什么牵挂。这种心情，一般人很难感觉到。尤其我们这些喜欢寻章摘句、舞文弄墨的人，看到老子这句话，也算是吃了一服药。爱看书、爱写作，常常搞到三更半夜，弄得自己头昏脑涨，才想到老子真高明，要我们"绝学"，丢开书本，不要钻牛角尖，那的确很痛快。

可是一认为自己是知识分子，这就难了，"绝学"做不到，

"无忧"更免谈。"读历史而落泪，替古人担忧"，有时看到历史上的许多事情，硬是会生气，硬是伤心落下泪来，这是读书人的毛病。其实，"绝学无忧"真做到了，反而能以一种清明客观的态度、深刻独到的见解，服务社会、利益社会。

老子对人生的看法，不像其他宗教的态度，认为全是苦的；人生也有快乐的一面，但是这快乐的一面，却暗藏隐忧，并不那么单纯。因此，老子提醒修道者，别于众人，应该"我独泊兮其未兆"，要如一潭清水，微波不兴，澄澈到底。应该"如婴儿之未孩"，平常心境，保持得像初生婴儿般地纯洁天真。

老子一再提到，人修道至相当程度后，不但是返老还童，甚至整个人的筋骨、肌肉、观念、态度等，都恢复到"奶娃儿"的状态。一个人若能时时拥有这种心境，那就对了。这和"专气致柔，能婴儿乎"的道理是一样的。

《庄子》则说："汝游心于淡，合气于漠，顺物自然而无容私焉，而天下治矣。"

世界上一切宗教、哲学，任何的学问，一切的知识，修养的方法，最终的目的都是"调心"，调整我们的心境，使它永远平安。调心的道理，庄子用的名词是"游心"。

人的个性、心境，喜欢悠游自在，但是人类把自己的思想情绪搞得很紧张，反而不能悠游自在，所以不能逍遥、不得自由。"汝游心于淡",你必须修养调整自己的心境,使心境永远是淡泊的。淡就是没有味道,咸、甜、苦、辣、酸都没有,也就是心清如水。我们后世的形容,说得道的人止水澄清,像一片止水一样地安详寂静,这就是淡的境界。这句话,后世有一句名言,是诸葛亮讲的,"淡泊以明志,宁静以致远"。

诸葛亮这两句话,对后世知识分子的修养影响颇大。但是这两句话的思想根源是出于道家,不是儒家;诸葛亮一生的做人、从政作风,始终是儒家,可是他的思想修养是道家。因此我们后世人演京戏,扮演诸葛亮,都穿上道家的衣服,一个八卦袍,拿个鸡毛扇子;俗话说,拿着鸡毛当令箭,就是从诸葛亮这儿开始的。"淡泊以明志"这句话,就是从《庄子》这里来的,所谓"游心于淡"。

(选自《老子他说》《庄子諵譁》)

最平凡，最高明

舜当帝王之前，在外面流浪了五十多年，那时，吃的是糙米干饭团和野菜，好像将来就是这样平凡地生活下去，不怨天，不尤人。

晚年当了帝王，"被袗"，就是穿得好了。穿好衣服是自舜开始的，因为有别的国家送了很好的蚕丝来，舜还说不要，他的两个夫人，就是尧的女儿劝他收下，用来织了一件衣服给他穿。舜于是穿上了好的衣服，自己也爱好音乐，经常弹弹琴，又有两个夫人服侍，但他也不觉得自己享受，似乎本来就如此，和平常也没有什么两样。他穷也穷得，富也富得，他的人生就是如此平静地生活了下去。

这两方面连在一起，就是说，对于一个人，传给他知识，没有办法使他有智慧。读了书，应该明白道德的规范，知道怎样做人，但如果呆板地守道德，就变成书呆子，被书困住了，也很糟糕。所以再说到舜，能贫贱，能富贵。舜的榜样，就是贫贱不能移，富贵不能淫，永远显得平凡。这就是人生的巧妙运用，处什么环境，站什么立场，就采取什么态度。以过去的俗语来说，就是"到了哪一个坡，就唱哪一支歌"。

所以，学问最难是平淡，安于平淡的人，什么事业都可以做。因为他不会被事业所困扰。安于平淡的人，今天发了财，他不会觉得自己钱多了而弄得睡不着觉；如果穷了，也不会觉得穷，不会感到钱对他的威胁。

什么是做人最高的艺术？就是不高也不低，不好也不坏，非常平淡，"和其光，同其尘"，平安地过一生，最为幸福，也就是"最平凡"。做人要想做到最平凡，也是不容易的，谁都不容易做到。假使一个人真做到了平凡，就是真正的成功，也是最高明的。

人们在求学的阶段，要有学问、有知识，其实那是半吊子，真正有学问时，中国有句话"学问深时意气平"，学问真到了深的时候，意气就平了，也就是俗话说的"满罐子不响，半罐子响叮当"。真正的学问好像是"不学"——没有学问，大智若愚。"复众人之所过"，恢复到比一般人还平凡。平凡太过分了，笨得太过分了，就算聪明也聪明得太过分了，都不对。有些朋友相反，就是又不笨又不聪明得太过分。真正有道之士，便"复众人之所过"，不做得过分，也就是最平凡。真正的学问是了解了这个道理，修养、修道是修到这个境界。

老子说："为无为，事无事，味无味。"这是说，一个人看起来没有做什么事情，可是一切事情无形中都做好了。这是讲第一流的人才，第一流的能力，也是真正的领导哲学。"味无味"，世界上真正好的味道，就是没有味道的味道，没有味道是什么味道？就是本来的真味、淡味，那是包含一切味道的。

世界上的烹饪术，大家都承认中国的最高明，一般外国人对中国菜的评价，第一是广东菜，第二是湖南菜，第三是四川菜，等而下之是淮扬菜、北方菜、上海菜等。这种评论是很不了解中国的烹饪。真正好的中国菜，无论标榜什么地方味道，最好的都是"味无味"，只是本味。青菜就是青菜的味道，豆腐就是豆腐的味道；红烧豆腐，不是豆腐的味道，那是红烧的味道。所以，一个高手做菜，是能做好最难做的本味。

老子上面讲了"为无为，事无事"，我们容易懂，但后面为什么加一句"味无味"呢？难道老子教我们当厨师吗？这句话，其实也就是解释上面二句，说明真正的人生，对于顶天立地的事业，都是在淡然无味的形态中完成的。这个淡然无味，往往是可以震撼千秋的事业，它的精神永远是亘古长存的。

比如一个宗教人士,一个宗教的教主,在我们看来,为了拯救这个世界,他抛弃了他人生中的一切,甚至牺牲了自我的生命。他的一生是凄凉寂寞、淡而无味的。可是,他的道德功业影响了千秋万代,这个淡而无味之中,却有着无穷的味道。这也是告诉我们出世学道真正的道理,同时是告诉我们学问、修养,以及修道的原则。

孔子提到"素富贵行乎富贵,素贫贱行乎贫贱"。这也是后来中国文化里讲人生的道理:"唯大英雄能本色,是真名士自风流。"所谓大英雄,就是本色、平淡,世界上最了不起的人就是最平凡的,最平凡的也是最了不起的。

换句话说,一个绝顶聪明的人,看起来笨笨的,事实上也是最笨的,笨到了极点,真是绝顶聪明。这是哲学上的一个基本问题。作为人,没有谁聪明,谁笨,笨与聪明只是时间上的差别。所谓聪明人,一秒钟反应就懂了,笨的人想了五十年也懂了,这五十年与一秒钟,只是那么一点差别而已,所以了不起就是平凡。唯大英雄能本色——平淡。上台是这样,下台也是这样。

所以曾国藩用人,主张始终要带一点乡气——就是土气。什么是土气?我是来自民间乡下,乡下人是那个样子,就始终是乡下人那个样子,没有什么了不起。所以彭玉麟、左宗棠这一班人，始终保持他们乡下人的本色，不管自己如何有权势，在政治功业上如何了不起，但我依然是我，保持平凡本色是大英雄。

（选自《孟子与尽心篇》《老子他说》《论语别裁》）

人生最高的享受是寂寞

人都会做梦。但是醒后不晓得,而不是没有梦。世界上不做梦的只有两种人:一是至人无梦。至人是得道、成仙成佛的人、有最高智慧的人,他没有梦但不是白痴;相反地,他什么都知道,他是不用意识的。二是愚人无梦。笨到自己没有思想,那就没有梦了。

我真的碰到过这样一个人。几十年前,我从峨眉山下来回到家里,我父亲的一个朋友单独请我吃饭,吃完后拉我到楼上,他有个问题想问我。

他说:"人家说你得道了!别人我不讲的,因为你得道我问你。"

我说:"伯伯啊,我没有得道。"

他说:"不管,你要告诉我,什么是梦?"

把我问得愣住了,我说:"伯伯啊,你没有做过梦吗?"

"没有啊,我六十岁了,没有做过梦啊!不晓得什么叫梦,你们都说梦,好奇怪哟!"

可是他是个大好人,不是愚人。他帮人,什么好事都做,专门做好事的。

我很难对他解释,当然我引导他说现在就是梦。我说现在我们讲话很高兴,你还看着我。眼睛闭起来看不到我,我也不讲话,这个时候梦就没有了。但他好像似懂非懂。

梦在开眼闭眼之间、脑神经闭合之间,这是非常大的科学了。中国文化里有一句话叫"痴人说梦",笨人在讲梦话。

现在我们不谈梦了,因为讲思想而讲到梦。我们的思想那么多,自己看不清楚。其实大家静坐下来,是不是知道自己思想那么多啊?譬如听一个讲座的时候,是不是知道有一个很清楚的自己在听讲座,有没有?一定有吧!当然有个知道的,那个是知性,不是思想。

如果现在我讲话,你们听到,同时你们自己也在分析这个话的道理,那思想就起了很多作用,对不对?可是你有一个知道自己在分析、知道自己在听话、知道自己在思想的这个东西,它没有动过,这个东西很清楚。

所以这个东西不需要你去用力的,不需要你去找的,你自然知道自己的思想。搞清楚了吗?起码有一两个搞清楚的吧?假如全体搞清楚了,那不得了啦。

我们知道自己有思想、有感觉的,这个是知性,它没有动过。当我们睡觉一醒过来,第一个是这个东西,那个叫"睡醒了"，很快的，第二个东西——思想来了。是不是这样？

对，就是那个东西，你把握住。

自己的思想为什么那么多？这个叫妄想，也可以叫浮想。我们知道的这个妄想，可以分成三个阶段：过去、现在、未来。过去没有了，未来还没有来，讲现在，现在已经没有了。

所以你静下来的时候，不要怕妄想多，你那个知性看到妄想，就把握这个。前念已过去，未来还没有来，就看着现在。分成三段。常常这样反省、体会，时间一长，你就会很空灵了。

如果你把握这个空灵，假如盘腿打坐，把握得越久越好。这个把握久了以后，你的身心、脑力、体力什么的都转变了。

问：有时候打坐会有一个灵感来，这算是妄想吗？

这也是个妄想，但是这个妄想不同。当你很宁静时，妄想也比较细小。忽然一个思想来，明白了一些事，这叫作"觉"。这个"觉"比妄想高得多了，是智慧的初步作用，在西方哲学中叫作"直觉"，也叫作"直观"。

这是好的，但是也是妄想。如果没有这个妄想，过去已过去了，未来还没有来，当下很空灵，没有直觉的妄想，在里面能知道的，这个叫"智慧"，叫"般若"了。

佛学里有一句话："香象渡河，截断众流。"它比方人的思想、情绪像长江、黄河的水流一样连着的，非常大，断不了。

象王叫"香象"，普通的象是两个牙齿，菩萨骑的象王有六个牙齿，也比一般的象大得多！那就是大英雄了。象王渡过急流时，不转弯走，急流力量那么大，它用身体把急流切开。所以叫"香象渡河，截断众流"。

中国人有两句俗语形容有勇气的人——"提得起，放得下"。思想也可以有勇气，我常常告诉人，借一个力量来，就说一句"去他×的"，也就没有了，切断了，这就是咒语。

要自己对心念有很大的勇气，马上放下就放下，切断。但这不是压制的，千万不能压制，不是很紧张地硬压住，那对脑神经、对身体是有妨碍的。还有个方法更清楚，一个人到最伤心的时候，痛哭一场，悲哀时大号一声，痛苦就没有了。

为什么大家喜欢跳舞？因为物质生活的压迫，这个时代的人都很苦闷，他在跳舞时放松了，可是他没有办法把握。在唱歌跳舞的时候只是暂时忘了，一回到家还是感觉凄凉。如果他把握到放松空灵的境界，就了不起了。

你身心空灵，就会进入大悲观世音菩萨的境界。你跟着音声进入，自己会流下眼泪，那个眼泪不是悲哀也不是欢喜，是自然进入宁静的世界。中国有句唐诗，叫"念天地之悠悠，独怆然而涕下"，不是凄凉也不是悲哀，是菩萨的大悲心。"独怆然而涕下"的"独"字，是没有一切人，或者独自一个人空灵地在这里，这就是大悲的境界。

　　有一个经验：当夜深人静，一个人在高山顶上或者在大沙漠里时，唱一曲，那种分外的宁静，眼泪不晓得怎么就会流下来，不是悲伤也不是喜欢，那是无比宁静的舒服，身体每一个部分都自然地打开了，心里的痛苦、烦恼什么的都没有了。拿中文形容，就是空山夜雨，万籁无声。只听到空山里雨拍打树叶的声音，别的什么都没有。那是寂寞的享受，不是钱财能够买到的。

　　所以我的结论是，人生最高的享受是寂寞，不懂得寂寞的享受是没有意义的。

（选自《南怀瑾与彼得·圣吉》）

至高的水德

一个人如要效法自然之道的无私善行,便要做到如水一样至柔之中的至刚、至净、能容、能大的胸襟和器度。

水,具有滋养万物生命的德性。它能使万物得它的利益,而不与万物争利。例如,古人说:"到江送客棹,出岳润民田。"只要能做到利他的事,就永不推辞地做。但是,它却永远不要占据高位,更不会把持要津。俗话说:"人往高处走,水向低处流。"它在这个永远不平的物质的人世间,宁愿自居下流,藏垢纳污而包容一切。所以老子形容它"处众人之所恶,故几于道",以成大度能容的美德。因此,古人又有拿水形成的海洋和土形成的高山,写了一副对联,作为人生修为的指标:"水唯能下方成海,山不矜高自及天。"

但《老子》中"几于道"这几个字,并非说若水的德性,便合于道了。他只是拿水与物不争的善性的一面,来说明它几乎近于道的修为而已。佛说"大海不容死尸",这是说水性至洁,从表面看,虽能藏垢纳污,其实它的本质,水净沙明,晶莹剔透,毕竟是至净至刚,而不为外物所污染。孔子的观水,却以它"逝者如斯夫"的前进,来说明光阴虽是不断地过去,却具有永恒的"不舍昼夜"的勇迈古今的精神。我们若从儒、佛、道三家的代表圣哲来看水的赞语,也正好看出儒家的精进利生,道家的谦下养生,佛家的圣净无生三面古镜,可以自照、自明人生的趋向,应当何去何从。或在某一时间、某一地位如何应用一面宝鉴以自照、自知、自处。

但《老子》中除了特别提出水与物无争,谦下自处之外,又一再强调,一个人的行为如果能做到如水一样,善于自处而甘居下地,"居善地";心境养到像水一样,善于容纳百川的深沉渊默,"心善渊";行为修到同水一样助长万物的生命,"与善仁";说话学到如潮水一样准则有信,"言善信";立身处世做到像水一样持平正衡,"正善治";担当做事像水一样调剂融和,"事善能";把握机会,及时而动,做到同水一样随着动荡的趋势而动荡,跟着静止的状况而安详澄止,"动善时";再配合最基本的原则,与物无争,与世不争,那便是永无过患而安然处顺,犹如天地之道的似乎至私而起无私的妙用了。

老子讲了这一连串人生哲学的行为大准则,如果集中在一个人身上,就是完整而完美,实在太难了。

除了历史上所标榜的尧、舜以外，几乎难得有一完人。不过，能有一项美德，也就可以树立典范而垂千古了。古今人物中，平常熟悉的，由周太王的居邠，到周文王的以百里兴；老子自己的一生，始终以周守藏史的卑职自处；吴太伯的让国避地；张子房的自求封于"留"等，都是效法"居善地"的道理。

其余也有不少的圣君名臣，宽厚优容，做到了"心善渊"。诸葛亮的三顾出山，终至于"鞠躬尽瘁，死而后已"，可以说是"与善仁，言善信"的楷模。汉代的文景之治，唐代的贞观之政，君臣上下，大体都有"正善治，事善能，动善时"的精神。

（选自《老子他说》）

附录：南怀瑾先生训诫

这是南怀瑾先生创立的太湖大学堂的规训，也是先生创立的东西精华协会会员守则，在综合《宝王三昧论》和《百丈大智禅师丛林要则二十条》的基础上予以修订。

立身不求无患，身无患则贪欲必生；
处世不求无难，世无难则骄奢必起；
究心不求无障，心无障则所学躐等；
行道不求无魔，道无魔则誓愿不坚；
谋事不求易成，事易成则志存轻慢；
交情不求益吾，交益吾则亏折道义；
于人不求顺适，人顺适则心必自矜；
施德不求望报，德望报则意有所图；
见利不求沾分，利沾分则痴心亦动；
被抑不求急明，抑急明则怨恨滋生。

学问以勤学为入门，孝养以竭力为真情。
处世以立德为事业，执事以尽心为有功。
精进以律己为第一，长幼以慈和为进德。
行持以观心为稳当，因果以明白为无过。
治事以精严为切实，老死以无常为警策。
居众以谦恭为有理，言语以减少为直截。
待人以至诚为供养，长老以耆旧为庄严。
济物以慈悲为根本，疾病以减食为汤药。
凡事以预立为不劳，遇险以不乱为定力。
是非以不辩为解脱，烦恼以忍辱为菩提。

图书在版编目（CIP）数据

人生无真相 / 南怀瑾讲述. -- 北京：北京联合出版公司，2022.8（2025.4 重印）
 ISBN 978-7-5596-6328-3

Ⅰ. ①人… Ⅱ. ①南… Ⅲ. ①人生哲学－通俗读物 Ⅳ. ① B821-49

中国版本图书馆 CIP 数据核字（2022）第 116874 号

人生无真相
作　　者：南怀瑾
出 品 人：赵红仕
责任编辑：龚　将

北京联合出版公司出版
（北京市西城区德外大街 83 号楼 9 层　100088）
河北鹏润印刷有限公司印刷　新华书店经销
字数 158 千字　880 毫米 ×1230 毫米　1/32　9.5 印张
2022 年 8 月第 1 版　2025 年 4 月第 7 次印刷
ISBN 978-7-5596-6328-3
定价：59.00 元

版权所有，侵权必究
未经许可，不得以任何方式复制或抄袭本书部分或全部内容
本书若有质量问题，请与本公司图书销售中心联系调换。电话:(010) 82069336